好看的皮囊不如有趣的灵魂

枼果吟 著

文匯出版社

图书在版编目 (CIP) 数据

好看的皮囊不如有趣的灵魂 / 棻果吟著． — 上海：
文汇出版社, 2019.8
ISBN 978-7-5496-2967-1

Ⅰ．①好… Ⅱ．①棻… Ⅲ．①女性 - 人生哲学 - 通俗
读物 Ⅳ．① B821-49

中国版本图书馆 CIP 数据核字 (2019) 第 167153 号

好看的皮囊不如有趣的灵魂

著　　者 / 棻果吟
责任编辑 / 戴　铮
装帧设计 / 末末美书

出版发行 / 文匯出版社
　　　　　　上海市威海路 755 号
　　　　　　（邮政编码：200041）
经　　销 / 全国新华书店
印　　制 / 三河市龙林印务有限公司
版　　次 / 2019 年 8 月第 1 版
印　　次 / 2025 年 2 月第 5 次印刷
开　　本 / 880×1230　1/32
字　　数 / 151 千字
印　　张 / 7

书　　号 / ISBN 978-7-5496-2967-1
定　　价 / 36.00 元

序：与其外表精致，不如思想精致

莎士比亚说："愿你不要像那些爱好虚华的世人一般，用一件富丽的外服遮掩内衣的敝陋；愿你的内容也像你的外表一般美好，不像我们那些朝士只有一副空空的架子。"

我们身边有这样一类女子，她们穿着优雅的服饰，戴着时尚的项链、手镯，用着高档的口红，化着精致的妆容，背着昂贵的包包……总之，外表很好看。

第一次见面，你觉得她们很优雅，对她们留下了深刻的印象。但当多次见面了解了对方的真实情况之后，你会惊奇地发现，她们没有你想象的那么美好：她们的灵魂空洞、呆板，甚至没有思想，一点儿也不有趣。

其实，一个女人的精致，很大程度上无关外貌，而与思想紧密相关。那些外表精致的女子，大多会输给思想精致的女子，因为思想上的精致比外表上的精致更重要。

思想精致的女子，既能取悦自己又能愉悦他人，她们从内而外散发着智慧、自信、从容、优雅，情商也高。在她们身上很难发现世俗气——灵魂有趣、品位独特，任何时候看上去都精气神十足。

　　那些只是外表精致的女子则不然，她们只不过是皮囊好看而已。她们没有梦想，没有要守护的初心，只是一天又一天地重复着单调的生活，也没有诗意，从来不向往远方。

　　电视剧《我的前半生》中，唐晶就是一个思想精致的女子。她穿着一身职业套裙、踩着高跟鞋；她有着拥抱未来的底气，默默坚守着自己的信仰，不争不抢、不附庸风雅，从容不迫地过着自己想要的生活。

　　精致，表面上可以伪装出来，内心却没办法再现。一个真正精致的女人，不仅要有好看的外表，更要具备有趣的灵魂，这样的精致才会让她充满活力、散发光芒，最终活成自己心目中的模样。

　　一个女人，你的思想有多精致，人生将会有多完美。只要思想精致起来，你永远可以活得潇洒、自由。所以，与其外表精致，不如思想精致。

目　录
Contents

第五章 生活越精致，越有好日子

第六章 爱情越精致，越有好伴侣

第一章

思想越精致，越有好运气

无论是工作、交友，抑或与另一半相处，外表仅仅只是作为第一印象存在，日后的和谐美满都需要靠自己的内涵去维持。

▷ 思想越精致，人生越精彩

1

我曾看到这样一段话："女人从出生到 18 岁，需要好的家庭与回忆；18 岁到 35 岁，需要好的容颜与身体；35 岁到 55 岁，需要好的个性；55 岁以后，需要好的时光。"

看完我就笑了，哪有这么完美的人生？

这就好比，你需要一个长得帅且有钱的男人做老公；公婆最好对你像亲生女儿一样；将来有了孩子，他们还爱读书、考试能考高分……

如果每个人的梦想都能得以实现，那人生也就没有痛苦可言了。不仅如此，有的人努力奋斗了多年，最终依然没有过上自己想要的人生，甚至让生活把他们磋跎成了大爷、大妈。

有时看着镜子里的人，他们一点儿也不敢相信这是当初那个青春鲜活的自己。于是，他们不得不感叹：这一切到底是为什么啊？

无论什么时候，一个人首先关心的永远是生存问题。我们都是普通人，不是嘴里含着金汤匙出生的，一切想要的东西只能靠自己去争取。于是，为了活得越来越好，许多姑娘熬夜加班挣钱，甚至周末也去做兼职。可现实是什么呢？她们很可能会过得越来越差。

每次见到朋友咖咪，我总发觉她比上次见面时又瘦了一圈。

咖咪今年 28 岁，刚刚结婚，老公王先生是她的初恋。在这个婚恋观念越来越开放的年代，初恋能修成正果是一件令人羡慕的事。可是，在我看来，咖咪的生活并不让人羡慕。

上中学时，咖咪就喜欢上了王先生，并视他为自己的男神。王先生帅气、阳光、学习好，还打得一手好篮球。后来，咖咪经过努力终于和他走到了一起，她别提有多高兴。可是问题也接踵而来，王先生的家境不好，咖咪只能经常用自己的生活费补贴他。

上大学后，两个人更是卖力做兼职，希望日子能更上一层楼。然而，无论怎么努力，他们的生活仍没有多大的

改善。但好在不管生活有多难，王先生对咖咪始终不错，他们一路相伴走到了现在。

结婚前夕，咖咪和王先生用多年攒下的钱，在老家买了一套房子。面对房贷，咖咪只能把所有心思都放到挣钱上，于是她变得越来越瘦，无论用多好的护肤品也滋养不了她那越来越干瘪的脸。

有一次，我心疼地对咖咪说："你看看你，明明才28岁，眼角都有皱纹了。"

咖咪说："我家老王不嫌弃我就行了呗。生活那么难，我们只能多挣钱，争取早点把房贷还清了。"

日复一日，年复一年，我不知道咖咪的房贷要还到什么时候，但一想到将来她还会生养孩子，我就不寒而栗。

2

我们身边有许多像咖咪一样的人，他们每天像陀螺一样不停地转啊转，总以为再努力一点日子就能过得更好，可似乎永远没有解脱之道。

之前，我看过一个故事，说的是情侣之间的陪伴问题。

女方说："你整天都在忙工作，根本没时间陪我，要你这样的男朋友有何用？我们分手吧。"

为了挽回女方，男方开始服软："好，以后我一定争取腾出更多的时间陪你，你不要跟我分手，好吗？"

女方本来爱着男方，说分手不过是赌气，所以，很快她就原谅了男方。

接着，男方开始陪女方追剧、逛街。女方便想：原来他真的很在乎我。

两周后，男方看女方不生气了，也不抱怨他了，便又展开新一轮的工作，两个人又回到了最初的状态。这时，女方又说起那句话："你整天都在忙工作……我们分手吧。"

这个故事，与上文提到的熬夜加班、周末做兼职的咖咪很像——看似是在解决问题，但很快又会陷入恶性循环，反反复复。

在《改变》一书中，斯坦福大学精神科教授保罗·瓦茨拉维克为恶性循环问题找到了一个解决方案——一件事情，有两种改变方式：一种是不影响原有模式的改变，叫作"第一序改变"，即改变状态；另一种是对原有模式的改变，叫作"第二序改变"，即改变模式。

咖咪想多挣钱，于是多打一份工，再多打一份工……她在努力改变状态，可效果不理想。其实，真正的解决之道是找到"如何挣大钱"的模式，这才能解决根本问题。

你可能会说，人人都想挣大钱，可大钱很难挣。但是，你发现没有，当模式发生改变之后，你的思路也就改变了。也就是说，你的思维从原有的"多打一份工"，跳到"做什么工作才能挣大钱"，以及"如何挣大钱"上了。

如果没有意识到这个问题的存在，你打多少份工也无法改变现状，除非你分身有术。因此，仅仅为了改变状态而去做改变是不够的，还需要改变原有的模式。

3

当遇到困难，大部分人习惯在状态上消磨时间，而不去想怎样改变模式。就像一个男生因为没时间陪伴女朋友，而当对方提出分手后，为了挽回恋情，他就会暂停工作去陪伴对方。事实上，在这段关系中，重要的不是没时间陪伴，而是如何陪伴、如何在自己无法陪伴对方时她还能理解自己。

多少人碌碌无为地过了一生，不过是陷入了思维的困境。假如他们能及时发现问题并尝试着去改变模式，或许人生也会因此而不同。

比如，父母那一辈人，他们谁不努力呢？他们努力挣钱把我们养大，可现在年过半百了，他们依然没能过上富足的生活。这就是思维模式对人们产生的影响。

其实，每个女孩都是自己的女王，她们都渴求通过自己的双手戴上王冠。但是，行走在奋斗的路上，有些女孩一直"以钱为本"，她们认为只有改变了现在才有机会改变未来。

可是，姑娘们，回到"如何挣大钱"的问题上，你必须先做不挣钱甚至赔钱的事，只有这样，你才能遏制生活中由错误思维引发的恶性循环。

我有一个搞写作的朋友小色，她是一名年轻的 90 后。

与咖咪相同，小色的家境也不富裕。上大学时，有很多像小色这样的学生选择了去快餐店打工，或者去超市当促销员，而她则选择了写稿。

最开始写稿，没有谁是顺利的。每天，小色一有空闲时间就写，有时候甚至写到凌晨一两点，但是写出来的稿子投了一家又一家杂志社，都被退了稿。

这时，宿舍里有不少姐妹通过努力，已经给自己换了新的笔记本电脑。只有小色还在坚持写稿，默默地耕耘自己的理想。就这样，小色坚持了整整一年，但没有得到任何结果，还被宿舍的姐妹调侃，说她做了一件"不挣钱的事"。许多人劝她说，与其在不可能的事情上浪费时间，

不如赶紧去快餐店洗盘子挣钱。

小色不同意，坚称这是自己的理想。其实，有多少个夜晚，她也曾自我怀疑：这样坚持下去到底对不对？可一想到自己的作家梦，她就觉得一定要坚持下去。

皇天不负有心人，又经过半年的努力，小色终于苦尽甘来，拿到了人生的第一张稿费单——她写了一篇青春故事，挣了1000多元。当她把这个好消息告诉宿舍里的姐妹时，大家都有些鄙视，说："一年半才挣了1000多元，有什么好得意的？"

小色并没有受打击，而是继续坚持写作，有了第一篇文章发表，接着就有了第二篇。她不断地努力，不到半年就成了宿舍里每个月收入最多的女生。

现在，小色已经大学毕业，在一家影视公司做全职编剧，年薪早已达到六位数。而那些曾经调侃她的姐妹，每个月的收入也不过区区几千元而已。

有时我常常想，假如当初咖咪像小色一样，上大学时先做一段时间不挣钱的事，好好地提升自己的价值，让自己变得更加"值钱"，今天的她会不会与现在不一样呢？

肯定会。

4

你为什么要花四年的时间去读大学，而不是中学就辍学去打工呢？这样不是来钱更快吗？你要知道，读大学会获得丰富的知识和更高的见解，未来才有机会找到一份好工作。可是，为什么放到解决实际问题上，我们就变得目光短浅了呢？我们试图改变现状，却一生困于现状。

去一家公司工作，培训三天上岗与培训一个月上岗，待遇并不相同。可是，你更愿意做一份简单、轻松的工作，于是让自己变得越来越没有价值了。所以，很多时候我们越是急于挣钱，反而越挣不到钱。

一个真正成熟的人，并不是急着去生活，而是把一件事情做得更专业。因为，他知道想要实现梦想都会遇到挫折，而应对挫折最好的办法便是时时保持清醒，不断地问自己：我到底要选择什么样的人生模式？

当你的思想越来越精致的时候，你的人生才能越来越好。

没有谁能保证，读完大学就一定能找到一份好工作。同样，也没有谁能保证，付出了努力就一定会有收获。但是，亲爱的姑娘，在任何模式发生改变之前，你都没法立

刻挣钱，要知道，这只是你人生中必须要走的一个过程，你必须咬牙坚持下去。

现在，所有短期内能挣到钱的事，我从来都不做。因为我知道，我能做的别人也能做，即使我做了十年，与今天也没什么不同。相反，我更愿意花时间做暂时不挣钱的事情。因为，随着日积月累，这些功夫会长到我的身上，慢慢地变成翅膀，帮我实现腾飞的梦想。

▷ 好看的皮囊 VS 有思想的灵魂

1

每次刷朋友圈，看到卖化妆品的微商发的那些夸大其词的广告，我就恨不得全天下的女人永远都看不到。事实恰恰相反，每个人的朋友圈里总有几个动不动就把"女王""美丽""身材"这样的字眼挂在嘴边的人。

女人爱惜自己固然没错，可是，如果一定要把这件事标榜到人生的高度，大概也不会成功。不要看现在她们光鲜亮丽，但谁也不能保证她们未来的路是否永远平坦。

一个女人是否精致，真的不在于脸蛋和身材，尤其是结婚后，另一半会看腻你的脸蛋；你的身材再好，也不如20岁的姑娘更有青春的活力；在事业上，你的外表固然能给你加分，可老板更看中的是你的能力，因为没有谁会因为漂亮被老板"包养"一辈子。

假如别人发了"女王""美丽""身材"这样可以上升到人生高度的朋友圈，你还真相信了那些鬼话的话，你的人生就有可能从此走向悲剧。

我的好朋友小宁是一名微商，还是让我反感的那一种。每天她都会告诉你：女人要有多漂亮，才能赢得男人的喜欢、家庭的幸福；要有多厉害、多爱惜自己，才能成为人生赢家……

我的朋友圈每天都会被她刷屏，我一度怀疑她是一个无所事事、靠做微商过日子的女人。事实并不是这样，她有一份轻松的工作，所以，每当我写作累到喘不过气来时就会找她聊天，问她最近过得如何。

之前，她会跟我谈谈工作中遇到的难题、生活中遇到的困惑，以及其他高兴的事。然而，现在每次我找她聊天，

她必定给我发几张自己的近照，并且问我："皮肤是否变白了？身材是否变好了？"

起初，我会对并没有发生多大改变的她大加赞赏："你真的变了。"现在，我恨不得躲她远远的。因为，每次她都会向我推荐她的产品和"如何变美"的经验，这似乎没什么问题，可是，如果一个女人把所有心思都放到了外表上，这就很难让人说"没什么问题"了。

终于，有一天她哭着找我，跟我说自己受伤了。我询问后才知道是这么一回事：几天前，她去相亲，经过一番短暂的交谈后，对方竟然说她是一个空有外表却没脑子的女人。我想，肯定是她只顾着自己说话，而没有认真听对方说话。因为，平时她跟别人聊天总是有这个毛病。

生活中，任何一个人被别人怼了都会难受，但不是所有人都知道反省自己，小宁就是这样。她说："我做微商每个月赚几千元，加上工作的收入，怎么说也是月入万元的精英。他挣得没我多，还说我没脑子，真是有病！"

最近小宁在微商事业上确实赚了不少钱，为了更好地推销自己的产品，她还在自己身上投了大量的时间和精力。但是，一个人的时间和精力毕竟有限，当她投入过多的时间和精力在外表上时，自然就没时间和精力去提升思想境界了——长期不成长、不进步，确实很容易让人觉得她没脑子。

上天给了每个人无限的机会，却只给了有限的时间和精力。当你把时间和精力都放到打造外表上时，便再也没法提升自己的内涵了。

无论是工作、交友，抑或与另一半相处，外表仅仅只是作为第一印象存在，日后的和谐美满都需要靠自己的内涵去维持。

2

很多女人将自己的人生寄托在外表上，以为做好了这件事情就赢得了面子，赢得了男人，让全天下的人都知道她们过得很好。可是，姑娘，外表不可靠——脸蛋会老，身材会变，就算是你的丈夫和孩子也有自己的人生与事业，没有谁能给你终生保障，唯一能保障你的便是脑子——脑子能让你有趣味，能让别人欣赏你。

前段时间，我去听了一位女画家 A 的讲座，她不仅画技好，而且思想境界也高，受到业内外的追捧。

A 离过婚，二婚时找了一个在外人看来很不靠谱的老公，认识她老公的人都知道他很花心。可是，这个花心男

人遇到她后，却变成了一个整日离不开她、她走到哪里就跟到哪里的跟屁虫。

就这样，几年的婚姻生活过下来，他们的感情越来越好。老公对她越来越欣赏，感叹自己找到了一个宝。他说："A就像一座宝藏，怎么挖都挖不完。见到她，才知道有些男人为什么会在女人堆里流连忘返，因为那样的男人没有见过真正独特的女人。"

A的专业是画画，没事就泡泡茶、弹弹琴；她也喜欢养花、插花，还懂中医理疗……这些都能不断地给老公创造惊喜。此外，她对于专业也在不断地深耕，早早就获得了应有的成功。

A从不取悦谁，只取悦自己。但与取悦自己的普通女子有所不同，她的取悦是专业的——她要把任何一种兴趣爱好变成一门有深入研究的学问，这些学问让她越活越精致、越活越成功，也越活越有真性情。

当下，喜欢养花、插花的女子有不少，但并不是所有人都成了人生赢家。最重要的一点，还是在于态度的不同：一种是浅尝辄止，一种是深入研究。所以，看似同样是摆弄花草，前者只是把花种到了花盆或插到了花瓶里，后者却熟悉每一种花的习性，以及懂得如何养花、插花的技术……

　　每一门功课都是大学问，喜欢它就把它当成专业，这样，时间久了，你的气质自然会与常人有所不同。即便与人闲聊，你的谈吐、修养也会得到他人的欣赏。

　　这种深入骨子里的内涵，比你的外表不知道要好看多少倍！

3

　　其实，大多数女子都有点不自知，她们总认为自己条件优秀，理应去配世间最优秀的男子。可是，世间最优秀的男子也会欣赏比他更优秀的女子，就像胡兰成欣赏张爱玲，梁实秋欣赏程季淑，梁思成欣赏林徽因……

　　如果非要给爱情的保鲜加一个条件，一定是保持你独特的个性与气质，并让自己越来越优秀。

　　在街角的一间小酒吧里，安迪把葱白、纤瘦的手伸到我面前，说："伍男送我的订婚钻戒，3 克拉呢。"说完，她温暖地笑起来。她的脸颊有一对浅浅的酒窝，我很久没有看到她笑得这么开心了。

　　安迪谈过两场失败的恋爱，如今，她总算遇到了那个宠她爱她的人。

安迪的初恋是她的大学同学，对方是个喜欢读书、喜欢安静的美男子，与活泼开朗的安迪形成了强烈的对比。

人们常说"女追男，隔层纱"，可安迪追了男神足足大半年也没追到。那半年里，安迪把所有心思放到了男神身上，若不是后来男神终于被她追到手，我们都怀疑她是否"有病"。

安迪爱得没尊严、没自我，男神说喜欢爱读书的女生，她便开始博览群书，为的是能在他面前卖弄学识；男神喜欢吃香芹百合，她就偷偷地为他学做这道菜；男神看中一款笔记本电脑，她攒了几个月的生活费才凑够钱买来送给他……

半年后，男神还是跟安迪分手了。原因是，对方嫌她不够优秀，说再漂亮的脸蛋也比不上有智慧的脑子。

4

失恋对安迪的打击很大，为了挣回失去的面子，她上课认真听讲，下课认真读书，业余时间也被各种选修课占满了……

一直到大学毕业上班以后，安迪从来都没有放松过自我管理。在工作中，她遇到了自己的第二任男朋友 B——

公司的一名主管。

那时，安迪也老大不小了，到了该结婚的年纪。因为大学的恋情无疾而终，她也变得现实了许多，觉得 B 人不丑、薪水高，便把他当成了能结婚的对象。但接触半年后，她发现自己越来越没法接受他——对方谈恋爱时不动脑子，一点儿不懂浪漫；工作也懒散，下班后除了打游戏，就是聚会、喝酒……终于，她提出了分手。

我们都觉得安迪疯了，劝道："条件这么好的男人，上哪里去找？毕竟人家有房有车的。"安迪摇着头说："现在我明白当时男神为什么不喜欢我了，这就像现在我没法喜欢 B 一样。其实，他是靠家里的关系坐到了主管的位置，自己并没有多大的能力。就算他有再好的条件，我都没法接受他没脑子这个事实。"

两个人在思想上不对等，是没办法沟通交流的。这些年，安迪在不断地进步，早就不是当初的那个她了。

其实，我也遇到过一些喜欢自己的人，但有些人就算对你满眼倾慕，你也只能客气地笑笑，对他们说："不好意思，我觉得我们不合适。"

是的，我们无法爱上任何一个没上进心的男生——我们不爱他，正如安迪的男神不爱当初的她一样。无论我们

的脸蛋有多漂亮、身材有多好，终会随着时间变老、走形。因此，外表不是维系爱情或婚姻最重要的条件，彼此欣赏才是。

杨绛与钱钟书的爱情走过了六十多个年头，他们的爱情保鲜秘诀便是彼此欣赏。钱钟书曾这样评价杨绛："绝无仅有地结合了各不相容的三者：妻子、情人、朋友。"

当杨绛创作完成话剧《称心如意》时，钱钟书坐不住了，他立刻着手写作《围城》；当杨绛完成译著《堂吉诃德》时，钱钟书也写出了《管锥编》……

事实上，两个人的爱情或婚姻中，一定有着彼此欣赏的成分。

在婚姻中，我们常常会见到这种情况：男人在外打拼，女人照顾家庭、带孩子，最终却落得被抛弃的结局。于是，女人怨恨道：为什么男人这么绝情，连孩子都留不住他？为什么我付出了这么多，结局却是他不爱我了？

可是，听一听男人的话，也是一肚子的苦水。其实，他不是嫌弃她身材走样、有妊娠纹了，而是双方没有共同语言了——除了孩子，她再也讲不出别的话题，那个曾经有主见、让他心动、让他欣赏的女人不见了。

换句话说，男人有进取心，整日在外打拼，回到家却要面对一个整日在家做家务、不思进取的女人，怎么会有共同话题呢？

不是这个社会很现实，而是我们没法与一个没有共同语言的人在一起一辈子。如果单身时最重要的是保持独特的个性、拥有丰富的知识，那么，在婚恋里一定要做到彼此欣赏以及共同成长。

你觉得这样活着很累，试问：彼此厌烦、整日争吵能不累吗？爱情没了、婚姻破裂了，能不后悔吗？

5

安迪的故事还没有讲完。

工作三年后，打算报考研究生时，安迪遇到了那个对的人——大学同学伍男。这时，安迪再也不是那个被嫌弃"没脑子"的女生了，每次与别人聊天，她能畅谈文学、历史、量子力学……缘分天注定，接下来，两个人热聊了一段日子后，伍男对安迪表白，安迪答应了。

这一场重逢不早也不晚，来得刚刚好。早一步，安迪可能还没这么优秀；晚一步，彼此可能会遇到自己爱慕的人，终生错过。

▷ 教养的正确打开方式

1

"教养"是一个被人反复谈及的词，因为我们时不时会遇到没教养的人，他们在公共场合大声说脏话、随地扔垃圾、总是插队……这些做法，实在令人讨厌。甚至看到表现更过分者，你恨不得立刻冲过去指正一番。

不知道从什么时候开始，"教养"似乎发生了词义的变化——从最初的道德礼貌，变成了穿衣打扮。比如，穿衣品位成了女人的教养，涂口红成了女人的教养，深入骨子里的气质也成了女人的教养……

其实，教养多指在行为方式中的道德修养，是家庭教育、学校教育、社会影响、个人修养作用下的结果。确切地说，教养并不是简单的行为道德、礼仪、素质，更不是穿衣打扮，而是一个人的综合修养。

正因为许多人理解错了教养的内涵，因此，它变成了能训练和刻意装出来的特质。这样的女人，短时间内看上去当然精致、优雅，但终究无法一世如此。

2

初见娜娜，我发现她真是一个有教养的姑娘。

娜娜今年 25 岁，一颦一笑都是美的。在工作前，她会给自己冲一杯咖啡；与人会面，她轻声细语，侃侃而谈；周末，她会去甜品店细细品味一块蛋糕……总之，生活中的一切她都做得刚刚好。

通常来讲，像娜娜这样的姑娘会有许多朋友——事实上，她的朋友并不多，与同事相处得也并不融洽。她曾尝试着走出自我的世界，多与人交往。起初，她也能获得别人的好感，但相处久了，那些人又会离她而去。

在一个深夜，娜娜发来微信向我哭诉："为什么我没有朋友？"

其实，日久见人品。不管娜娜的人品好不好，我总觉得她的身上缺少了些什么。于是，我回复她说："多一点真诚，少一点套路，或许朋友就来了。"娜娜半天没回复我，过了一会儿，她又问："可是，怎样才能显得真诚呢？"

在许多鸡汤文里，像娜娜这样的姑娘是吃香的，是大家争相"学习"的对象。但许多人都忽略了一个问题，在现实中，这样的姑娘会被贴上另外一个标签：做作。

一个做作的姑娘，当然没人喜欢。在身边的人看来，娜娜活得有点累，她的精致似乎有点刻意，她的优雅是装出来的，她面面俱到的待人接物方式也总带着某种讨好别人的低姿态……不知不觉，这样的姑娘就变成了"心机女"，变成了被人诟病的对象，朋友自然就少了。

我看过一张图片，上面是一个怀孕的女人与一个大肚子的男人，他们都捂着肚子，坐在一起望着远方。有人评价说："同样是肚子，一个孕育着生命，一个却是满满的脂肪，不要以为外表一样就什么都一样。"

在学习书法的方法中，有一种叫作填充型练习，即样本上描好了红线，写字者只需把墨填充到红线内就算写好了一个字。许多初学书法者都选择了这样的方法，他们以为墨汁填充得够久，就能把字写好。

不得不说，这种学习方法或许能让你写的字好看些，但你终究无法学到书法的精髓。对于字形与结构，点、画、方向、笔势以及手势等，如果做不到精微的准确，就永远无法体会到古人用笔的精髓。

学习书法，不在于摹其形，而在于学习每一种碑帖背后所传达的力量与法度。在这个基础上，每精进一分，就神似一分，时间久了，就能练成高超的书写技艺。

同样，在人人谈教养的今天，假如只是学其形、模其表，就会像没有法度与力量的字一样，怎么看都只是空有形状，最终变不成真正属于自己的教养。

3

当教养变成礼貌、礼仪、标准姿势与姿态，这些条条框框就给了我们太多的限制。我们不会在教养的基础上越来越好，而会让自己变得越来越死板——失去个性、失去自我，就算有了"教养"，你还是你吗？

与娜娜不同，落落看上去并不是那么有"教养"。

落落是一名摄影师，活得有点随心所欲。她会大声讲话，也会时不时地爆粗口，但她"粗鲁"的行为不仅没有让身边的人讨厌，反而让朋友都觉得她有真性情，很直率。

作为一名女汉子，没人知道落落也曾"文艺"过。她出身好，家教好，从小饱读诗书、写字画画，淑女得不能再淑女了。这一切的改变，发生在她16岁的时候。

那一年，为了让她懂礼仪，父母给她报了一位名师的

茶道班。学习茶道之初，一切都要照规矩来：茶的克数、水的温度、手的姿势等，一点儿也马虎不得。她从小受过艺术的熏陶，所以在茶道班上一直成绩优异。

毕业那天，老师对她说了一句意味深长的话："你的优势在于，你从小修炼出了一定的文化修养。但你的劣势也在于此，它会让你出色，同时也会毁了你。关键在于度的把握，就像匠人与大师之间不过一线之隔。"

见落落不大能听懂自己的话，老师又解释道："匠人与大师的区别是，匠人在学习技术，在既定的规则里不停地打磨自己的手艺；而大师，则在成为一个好匠人的基础上冲破了那些规则，让作品长出了自己的样子。

"这就像泡茶，技艺能让你泡出好茶，但在任何情况下，好的茶道师都能泡出好茶。这在于你对茶的熟悉、对水的熟悉、对环境的熟悉，靠经验与感觉，好茶就泡出来了。但没有之前学过的那些规则，你就达不到这样随心所欲的境界。所以，你一定要活出自己的样子。"

从茶道班毕业后，落落仔细回味着老师的那番话，直到能随心所欲地泡出好茶时，她才懂得了其中的真谛。

一夜之间，她似乎变成了另外一个女子——看似简单粗鲁，其实是真性情，这得益于之前她在茶道班上所学到的规则。

所以，她的粗鲁是有原则的，假如有人去模仿，那就变成了真粗鲁。就像有些人有教养，你可以去学习人家，但人家身上散发出来的种种气质，你怎么都学不到骨子里去。

万事万物，我们都要下功夫去琢磨，与人交往当然也需要学习规则，但最终要活出如宋代大儒朱熹所说的那种状态："问渠那得清如许？为有源头活水来。"源头没有活水，就是一潭死水。而自己，正是那汪活水。

4

今天有人说，女人要有教养，于是你就去学习教养；明天有人说，女人要瘦，于是你就去减肥；后天有人说，女人要活出自我，然后你就去效仿他人的样子也表现得酷酷的……

她们看似在学习、在进步、在变得越来越好，却从根本上忽略了自己，她们永远无法活出属于自己的样子。

事实上，每个人都是一棵树，会用枝叶来装饰自己，也会为了模仿他人而剪去枝叶。但我们必须知道，模仿的背后是要有"活水"的——我们只有不断地吸收新知识，

从根本上完善自我，最终才能活成自己喜欢的样子。

所以，这个样子不是刻意装出来的，它是一种无为而为的状态，会从你的身上自然而然地散发出来。因此，最好的教养不是一招一式，而是其背后的思想。

因此，与其在教养的形式上下功夫，不如去深入学习教养的"灵魂"。这才是教养之本，才是教养之精髓。

▷ 你的努力，要配得上你读的书

1

贾平凹说："只有把阅读变为一种生存需要，我们才会自觉地去读书。"

当今，社会发展迅猛，很可能一夜之间世界就会发生翻天覆地的变化。如果这仅仅是变化也就算了，偏偏互联网会放大这种变化，时不时就释放出一种"不学习，就会被时代抛弃"的信号。

焦虑，已然成为这个时代很多人的通病。而为了抑制焦虑，人人都想活成一碗"励志鸡汤"，大家恨不得又读书又工作，又考研又留学，一天最好有 36 个小时可以用。

有很多人说，时代的焦虑是属于男人的，女人只要嫁得好，也就没什么焦虑可言了。其实，女人也会焦虑——当女人开始焦虑，想着变得越来越强大时，优秀的女人就会越来越多。至于其他女人，即使长得好看也未必能嫁入豪门，因为内涵最重要。

所以，女人想嫁得好，不仅要脸蛋漂亮、内心丰富，还要背景好、工作好、个性独立……

2

现在，很多人已经不怎么读书了，我也从来没见过身边的朋友如何热衷读书——点开朋友圈，偶尔也只是看到有那么几个人在晒书单。

在古时，"万般皆下品，唯有读书高"。在今天，这是应对焦虑的一种途径，也是生存的需要——为了不被时代抛弃，我们必须奋力追赶。可是，我想问的是："买来的那些书，你真的读了吗？"

小溪是一名制片人，有一次与她谈一个项目时，因为

工作的需要，我上门去拜访她。踏入她家的第一眼，便能看到一个大大的书架，上面摆满了各种书：散文集、艺术评论集、小说、佛学、心理学等。当然，少不了有关制片、编剧、导演一类的书。

望着那个大大的书架，我不禁感叹："我好佩服你读了这么多书，你一定是个知识丰富的女子。"她却笑着说："真是无比汗颜。我平时工作忙，读的大部分书都与自己的职业相关。你看，关于制片、编剧、导演的书，我都翻烂了，可这一架子的文学作品，我没时间去读。"

提到成功人士，我总觉得他们是自己学习的榜样——自律又努力。其实，只要是人就抛不开本能，不管是谁，喜欢的东西就想拥有，可之后也未必懂得珍惜——读书也一样。

我也是一个"囤书狂人"，只要是自己想读的书，统统会买回家。至于读了没有，我倒并不在乎，因为我总觉得未来一定有大把的时间去读。然后，那些书就不断被新买的书压在底下，从此没有再见天日的机会了。

有时候，我们必须清楚自己是真正想去读一本书，还是喜欢拥有它的感觉。如果你觉得拥有很重要，那么，你会很少去读囤下的书——只有自己真正想去读一本书时，它才会成为你的学习工具。

3

还有的人看到身边的朋友都在读书，一想到自己什么书也没读，就会变得焦虑。于是，尽管自己并不喜欢读书，也会去买书回来逼着自己看。

常常有朋友跟我吐槽，说自己一打开书就想睡觉，实在不理解为什么有那么多人喜欢读书。对于喜欢读书的人来说，它是一种兴趣爱好，他们能从中感受到快乐，所以是快乐促使他们读了许多书。但有时候快乐地读着读着，人生可能会跑偏。

"花乞丐"是一个从小就喜欢读书的女子，她之所以叫花乞丐，与喜欢读书有关。她长得漂亮，所以是"花"，而"乞丐"的意思是，在书的世界里她永远像一个乞丐。

读书是花乞丐的兴趣爱好，从小到大她读了至少 5000 册图书。她喜欢读国内外的文学作品，包括小说、散文集、哲学等。在朋友的眼中，她是一个地道的文艺女青年，但除了这个"头衔"之外，她没有什么其他的特质。这似乎没什么不好，可是人总要有点"价值"，你不能逢人便说"我是一个读书人"吧？

当然，就职业而言，确实有"专业读书人"这样的工作——书评人。不过，我想说的是，花乞丐最终变成了古人所说的那种情况："百无一用是书生。"

手不能提，肩不能扛，读书没有让花乞丐变得越来越好，反而越来越浮躁。她总觉得自己读了许多书，与普通人不一样，于是看不起凡夫俗子，不愿意做普通工作。可生活就是生活，超越了规则，人就会过得很痛苦。

如果说小溪买书是为了获得一种满足感，那么，花乞丐读书则成了一种游戏——她不过是对读书这种游戏上了瘾，恰巧它又比较高雅而已。

所以，我们读书是为了什么？这自然少不了享受快乐的成分，但如果只是为了享受快乐，也就失去了读书本来的意义。

4

当然，我也见过不少努力读书的人。他们读书很认真，会画思维导图，做笔记，参加关于"如何读一本书"的学习班……

为了能读好一本书，他们学了十八般武艺，恨不得把所有关于"如何读一本书"的内容都实践一下。他们学得越来越多，俨然成了"读书专家"，可他们忽略了自己是否真的读懂了一本书。

其实，在读书这件事之外所做的功课都是花架子，就像学打拳一样，身体是"中心"，有了它，一招一式才会从身体上长出来。但不明就里的人学打拳，则是学招式，他们觉得把招式练得越来越标准就能学好拳法。

其实不然。拳法离不开招式，这没什么不对的，但是，学打拳这件事关键在于找到"身体中心"。这样，你的招式才能真正地对抗"敌人"，不然你就只有挨揍的份。

读书同样如此。我们的目标是读懂一本书，把书中的知识加以运用，就像长在身上的拳脚功夫。不管书本最后是变成了你的知识，还是能让你畅谈的资本，它真正的价值如果没有被加以运用，那就是书没有读好。

还有人说，读书不一定要记住其中的内容，这就像之前吃过什么饭，你可能忘记了，但你的身体已经吸收了饭的营养。这话千万不要信，因为，身体本就有消化功能，吃了饭，营养就会被吸收。但是，你只管读书却没有消化吸收，有用吗？读书不消化吸收，你就不会进步，也不会抑制自己的焦虑，更不会让你事业有成。

法国作家圣·埃克苏佩里说："蜡烛的意义不是烛泪，

而是它的光芒。"那么，读书的意义不是多与少，不是深与浅，而是你消化吸收后是否活成了自己渴望的样子。也就是说，你的个人技能更高了，工作更努力了，人也豁达了、通透了，这就是收获。

你在读书时找到自己的梦想，才能不断地提升它，然后让自己变得越来越好。然而，这种"好"不是复制别人的三观，它纯粹是你自己的思想和精神。换言之，一切的好都是你自己的。

▷ 你必须先积累实力，才能遇见好运气

1

你是一个相信运气的人吗？

我知道，有些人更愿意相信自己，相信人定胜天。不过，那些成功的人也一定少不了运气的眷顾。

那些相信自己的人会去努力、去坚持，不管前面有多

少困难，他们相信熬过去就会迎来曙光。而那些相信运气的人，遇到困难就会抱怨自己运气不好、怀才不遇，慨叹一声："老天爷为什么不帮我？"

我相信努力，也相信运气，因为这两者不会单独存在。但是，一个人纵然有再多的好运气，也不可能一生都有好运气。许多时候，运气也是好与坏交替来的。为了让自己越来越好，我逐渐学会了如何应对好运气与坏运气。

有时候，我也会羡慕那些成功的人。在成功的光环下，我想象他们的生活一定快乐无忧，除了会遇到健康问题，其他的一切都不是问题。

当身边搞写作的朋友因我出了几本书而羡慕我时，我会向他们倾吐工作中遇到的问题，他们就会说："你已经出过几本书了，就不要再妄想更多的东西。"

对于没有出过书的作者而言，出书是一个梦想；对于出过书的作者而言，一直提升自己才是要努力的目标。阶段不同，目标也会不一样——当我认为成功人士该安度晚年时，别人也认为我出过几本书，人生没有遗憾可言了。

在我看来，成功的人有点运气；在别人看来，我也有点运气。可是，只有我自己知道，前面还有无数自己想要翻越的大山。假如我无法翻越过去，在我的认知里，我会

觉得自己的运气有点差。

所谓好运气与坏运气，与运气本身并不相关，完全是自己如何去看待它们的问题。但是，不管我们认为自己的运气如何，余生还很长，只能往前走，这个事实谁也改变不了。既然如此，我们又何必在乎运气的好与坏呢？

2

抛开运气的成分再来看工作，大家就只有个人技能的高低之分了。

你的文案做得好，就会受到客户的欢迎，被老板加薪；你的助理工作做得好，深得老板欢心，说不定就能升职当上部门经理；你的文章写得越来越好，读者的评价很高，稿费就会水涨船高……

在生活中，当然也少不了有人走后门——他们一无所长却身居高位。但不能忽视的是，我们没有这样的背景可拼，就只能拼能力了。如果我们连这点努力也不去做，那人生就真的变成了悲剧。

我们不是含着金汤匙出生的，没有背景，如果运气还不太好，那么，在各方面条件都不优秀的情况下，我们唯一的运气就是自己的努力。

喊励志口号很容易，难的是在未来的几十年中，你能一直努力下去。

3

朋友 M 是做新媒体运营的，她运营的新媒体平台，粉丝少则几十万，多则上百万。当另一位朋友 H 得知 M 做得这么成功后，便问 M："你把这么多平台运营成功了，怎么不运营一个自己的平台呢？"

M 原来是一位公众号作者，后来转行做了新媒体运营。其实，她也思考过这个问题：自己为什么不做一个私家平台，而要去靠着那些大树乘凉？

M 想了一会儿，回答 H 说："做平台，少则默默坚持一年，多则两年没有收获，我觉得自己无法抗得住寂寞。做运营不一样，我根据数据进行分析就能换来粉丝的增长，这让我感到快乐。"

与写作不同，新媒体运营是一件只要付出就会在数据上立刻得到回报的事情，就算某一个想法没有得到市场的反馈，你依然能根据市场做出调整，然后再去尝试。似乎真如 M 所说，做这种工作是快乐的。

然而，大部分人选择的职业与自由写作差不多，它是

一件需要默默付出，然后很可能时间长了才能看到收益的事情。所以，有时我们很难相信自己能坚持一辈子，担忧、焦虑、迷茫、沮丧……这些是人人都会出现的情绪。

可是，即使事情再难做，为什么有的人仍旧成功了呢？其中必有成功之道。

4

身边的朋友常常跳槽，甚至还有人为了理想而放弃工作。这似乎没什么错，多一种选择也便多了一条路。

可是，遇到喜欢的事就做，遇到不喜欢的事就放弃，最后一定不会有好的结果。因为，即使是再喜欢的事，也会有不喜欢的部分，而做出这种蜻蜓点水式的选择，只会注定一生碌碌无为。

身为女人，如果做事总是半途而废，就只能祈求老天让自己嫁个有钱人了。

一件事，如果只做自己喜欢的部分，我们就会全情投入，这会让我们在这件事上越做越好。而自己不喜欢的部分，我们就会敷衍、凑合，这会导致事情总是做不好。由此，你会产生挫败感，越来越不喜欢这件事。

我们一直用喜不喜欢来评判人和事，以为这是凭心做出的选择。只不过，这种选择不是向内的，而是向外的——它的结果来自外界的反馈。

比如，就写作这件事而言，假如没有约稿编辑反馈给你信息，你很难坚持下去。如果有约稿编辑夸你写得好，并很快发表了你的文章，你就会觉得自己的努力得到了别人的认可，从而更加肯定自己。

如果心一直向外张着，内在就会越来越空，于是心也就没有了抵抗挫折的能力。但是，如果内心强大了，也就有能力去迎接风浪。

在心上学，在事上练，这才是努力的标配。

5

做任何一件事，我们要先把喜不喜欢这种具有对抗性的情绪放下，借事去磨自己的心，这样才能让它变得强大起来。

其实，我们在所有事情上的提升都是心力上的提升，心力提升了，哪里还有喜不喜欢一说呢？如此，我们也就能安安静静去做事了。

不要用"运气"来给自己找借口，那样什么事情都做不好。没有把一件事做到极致，没有去解决一个又一个问

题，即使好运气来了，你也会错过它。

不过，话说回来，好运气来了又怎样，还不是要持续提升自己吗？所以，积累是成功的底线，少了积累，就算暂时获得成功，到最后也会烟消云散。

与其积累技能，不如积累心力，这才是成事的根本。

第二章

定位越精致，越有高价值

人们习惯给人生定位、给事业定位，却从不给生活定位，更不给心灵定位。于是，我们有一颗每天陪伴自己的心灵，自己却很少关注它的存在。

▷ 向着光亮那方，人生不迷茫

1

迷茫是一个人人都会遇到的问题，尤其是在最好的青春年华里，每个人都要面临太多的人生选择。然而，因为知识不够、阅历不够，我们会被生活残酷地丢在十字路口。

对于年轻人来说，这是一件非常残忍的事。

有人说，人的一生中，20 ~ 30 岁是选择期，余下的人生是为这 10 年中的选择埋单。对也好，错也罢，反正已经做出了选择，还能怎样？

仔细思考这句话，也会发现一些问题。比如，摩西奶奶 80 岁才决定开始画画；齐白石先是做木匠，后来画画，还攻篆刻；王德顺从话剧演员到"活雕塑"，再到影视演员，一路都在做选择……总之，他们的很多选择都是在 30 岁之后做出的。

要我说，人生随时都可以重新做选择，你不必用余生为年轻时的选择埋单。

知道自己想要什么并不可怕，半路重新做选择也不可怕，可怕的是，你不知道自己想要什么，甚至也不知道自己喜欢什么。我们一生都在寻找自己想要做的事，等发现出路时已虚度人生的大半时光，一切似乎都来不及了。

大学毕业后，周周选择了一份安稳的会计工作。其实，她并不喜欢这份工作，但因为自己一无所长，实在不知道该做什么就先凑合着做了。在事业上，只要精钻技能，她就能混进会计事务所——对于一个女人来说，这俨然已经算得上是成功了；在婚姻上，找一个有房有车的老公，她的人生似乎就离幸福不远了。

父母对周周的期望并不高，无非是希望她坚持把会计工作做下去，然后结婚生子。但父母安排的一切，周周并不满意，她觉得自己还年轻，总想做点不一样的事，不能虚度青春年华。至于结婚生子，她认为哪天自己感觉一个人累了，找个男人嫁了才算是甘心回归家庭。

可是，什么才算是不一样的事呢？周周向身边的人咨询，问了一个又一个，问了一次又一次，始终没有得到最佳答案。所有人都只是告诉她："多问问你的心，你的心

知道自己想要什么。"

假如每个人都清楚自己想要什么，那么就一定不会有"迷茫"这个词了。所以，当你不知道自己想要什么的时候，问自己的心也没用。

2

不知道自己想要什么的时候，还有另外一种答案：不断地去尝试，直到找到自己喜欢做的事情。

其实，这种看似正确的答案，也换不回自己想要的结果。

任何一件事都是有层次之分的，只有高层次的人才能与它进行深层次的"对话"，才能体会到它的快乐所在。因为，当我们初尝一件事的"味道"时，它往往是苦的，不会如你的意。

小丫喜欢写作，初尝写作时是快乐的，但作品发表不了，于是她果断地放弃了；她学习街舞，但当一个动作需要练习上百次时，她觉得跳舞是一件枯燥的事，也放弃了；她喜欢画画，一开始随心所欲地画，但报班进行系统学习后，枯燥的打调子练习让她几近崩溃……

"难道我没有做自己喜欢的事吗？还是我没想清楚自

己喜欢做什么事？"小丫自问道。

最后，小丫终于确定自己的路该怎样走——任何一件事，她都要用业余或者玩的心态去做，她坚决不把它搞成专业，因为怕苦。所以，当别人问我想要的是什么时，我都会说："坚持一件事，不断地提升它的层次，体会高层次的乐趣。"

3

写作、画画、跳舞、会计……本质上没什么不同，它们都是专业技能，而学习所有技能的过程是相同的。对于它们，所有人都是先立规矩，再坚持精进技术……所以，只要我们能把一件事坚持做下去，其他技能也就很容易突破了。

这也是为什么有些人变成了"斜杠青年"——即使人生要多次做出选择，他们也能成功的重要原因。只不过，我们看到了他们在写作、绘画、篆刻、表演等事情上的天赋，却忽略了他们背后的动能。

很多人说，选择了一件事就要坚持一生，只有坚持下去才能成功。可是，坚持是痛苦的，比如"头悬梁，锥刺股"。所以，只有认清一件事背后的动能所在，我们才

会不急不缓、默默地提升自己。

记住：我们所要坚持的一定是动能，而非技能。

4

有的人不是不知道自己想要什么，而是想要的太多，不知道该如何做选择。这就像面包与爱情、理想与工作的选择一样，两者你都想要，不知如何是好。

不知所措的原因不是两者你都想要，而是你没有安全感，无论哪个选择都让你觉得有遗憾。

我们从小接受的教育总是"比来比去"，不是跟别人比，就是跟自己比——不管跟谁比，一切都是向外的。

在面临选择时，无意中我们也会跟身边的人比。比如，朋友的老公有房有车，你裸婚就没有安全感；朋友都选择了安稳的工作，你追求理想去创业就没有安全感；朋友都在读书，你不读书就没有安全感……

这种无形中进行对比的"想要"，你也做了，但总是坚持不下去，过得一点儿也不开心。这是因为，你的"想要"不是真的想要，只不过是升起了一个又一个念头而已。

等念头过去了，你也就放弃了。放弃念头以后，你开始否定那些"想要"的，于是你没有安全感了。举个例子，你想学画画，当这个念头升起时，你就去买了相关工具、材料。但过后你发现学画画并不现实，因为身边的人都不这样做，这时你就很容易否定自己。

其实，大多数时候，我们所谓的理想不过是一个又一个念头。我们的身体在随着念头行动，念头在，行动在。这让我们的人生状态常常是今天晚上励志，明天早上又随波逐流。

只要没有安全感，人永远都会摇摆不定。

5

想要治愈没有安全感这种"病"，或者找到自己真正想做的事情的方法，你就要有志向。

志向，不一定是我们口中常常说的"理想"。两者之间看似没有区别，其实区别很大——志向由心而生，是心要去的方向；理想也由心而生，但只是"想了想"而已。

父母和老师让我们从小立志，就是想让我们找到心所向往的地方。因为有了志向，即使你一生并没有从事这个行业，无形中它依然会影响自己。

作家三毛小时候的志向是做一名拾荒者，老师觉得她的志向不够远大，于是就否定了。但这是三毛心所向往的

事，所以，后来无论走到哪里，遇到好玩的小物件，她都会收藏到家中。

对三毛来说，拾荒并不是捡垃圾，而是对自然的艺术加工。她不是专业的拾荒者，但拾荒伴随了她一生。

有的人虽然有工作，但一直在用业余时间进行写作，甚至坚持了一生。他们为什么能做到呢？因为这是他们的志向，而不只是脑子里的念头。所以，你的心真的想要去一个地方，任何外界力量都无法阻拦你。但念头会生生灭灭，困扰你一次又一次。

这似乎又回到了凡事问自己内心的问题上，其实不然。问自己真正想要的是什么，是"问"这件事本身；志向却是深远、有意义的事，不需要时常问。

古代的士大夫往往有风骨，能甘于清贫，这就是志向所起的作用。因为他们只管心所到达的地方，其他的一切都不重要。

坚持动能，找到心之所向，然后再找一项技能进行训练，就是如此简单。

亲爱的姑娘，人生说长也短，你总要活得明白些、傲娇些。愿你别因为外界的力量而委屈了自己，用脱口秀演员李诞的话说："人间不值得。"

▷ 价值 + 自我肯定 = 位置

1

每个人一生下来都是平凡的，但是随着知识、能力、阅历的增加，人生的道路就变得不一样了。人们常说"不能输在起跑线上"，可是，如果我们已经输了，就算再怎么奋力追赶，似乎永远都追不上那些跑在前面的人。

我们一路从小学辛辛苦苦读到大学，毕业后却成了一家公司里的"螺丝钉"。你看，我们学习了十多年，看似有了一技之长，可放到工作中竟然无所大用。

当个人价值越来越小时，我们就会找不准自己的位置，因为害怕自己一生都碌碌无为。有时，我很羡慕那些从小报班学习英语、奥数、画画的孩子，他们靠着童年的底子给自己未来的职业生涯助了一把力，现在反问一下你自己：你有什么呢？

我先讲讲自己的经历。

最开始搞专职写作的时候，我是一个很骄傲的人。都说文人相轻，我也犯了这个臭毛病，无论走到哪里我都觉得自己了不起。我去网站上发表文章，偶得几条评论便开心得不得了。然后，靠着一股强大的自信，我找到了一些杂志的编辑，开始投稿。

很幸运，第一次投稿我就过了编辑的初审。那是一篇关于灵异现象的稿子，我靠着质朴的语言写出了灵异的氛围。但还没等我高兴多久，稿子在终审时被刷了下来。我重写了一遍，依然没能通过终审。那时，我第一次怀疑自己到底是不是写作的料。

写作是我的志向，尽管我也自我怀疑、因被多次退稿而自卑，但因为想要去做，所以就坚持了下来。既然投稿的路不顺，那我就去写其他类型的稿子——只要能锻炼自己，我无活不接。

一直处于低层写手阶段，让我渐渐没了自信，在潜意识里，好像我只有一辈子当枪手的命。我不再骄傲，见到其他作者也会尽量放低姿态，直到我的第一本书出版了，我还在怀疑自己是不是写作的料。与同行朋友聊天时，我还把自己归为"渣五类"。

直到有一天约稿接踵而来，我才明白，很可能是我忽略了自己的价值。

2

有时候，并不是我们不够优秀，而是不够自信。表面上看，这是一种谦虚的态度，但只有自己知道，我们真的没底气。

那么，我们为什么没底气呢？是因为外界反馈给我们的信息导致了这一结果。上司觉得你不行，你就认为自己不行；写的作品得不到大家的喜欢，你就认为自己不行；事情做得让自己不满意，你就认为自己不行……

其实，得不到上司的认可，很可能是你的想法与上司不合拍；大家不喜欢你的作品，很可能是你的价值观不够大众化；你总是对自己不满意，很可能因为你是一个完美主义者……

看吧，并不是你不够好，而是你没有找到自己真正的价值所在。有时候，我们必须清楚自己能做什么、擅长做什么、缺点又是什么……等确定了这些信息，我们才不会被外界所干扰。

朋友Z也是一名写作者，她在写作的道路上屡屡碰

壁，有时仅能发表几篇小短文。面对这种情况，另一位朋友分析说："Z的思路老套、文笔老土，那种风格已经不受市场欢迎了。"

这种评价固然没错，但换个角度去看，即使是再老套的思路和再老土的文笔，这种风格也会有读者喜欢，所谓小众市场也是市场嘛。

所以，Z只是没有找到喜欢她作品的读者而已，并不是她不够好。假如她能努力挖掘属于自己的读者群体，并精心打磨自己的作品，未必不能成功。

我们的自卑，通常来自大众对我们的看法——当自己不是大众喜欢的类型时，我们就会判断自己是失败的。但是，我们一定要知道自己在某些特定的市场中到底占什么样的位置，因为说不定你在特定的市场中是最优秀的。

3

刚才说了有些人不自信，有些人则恰恰相反，他们超级自信，甚至有点孤芳自赏。

小娇是一个相貌普通也无一技之长的女孩，她身上唯一的"亮点"是家庭背景。这给了她强大的自信，她总认为自己是最优秀的。

她会在朋友圈发无数的自拍照，证明自己的"美丽"；她会在做了一个卖相一般的甜品后，晒图肯定自己的独一无二；她会在去某个地方旅游回来后，告诉所有人自己到了一定的境界……

自信是一件好事，但自信到一定的程度就是自负了。起初，这种人会一路收获鲜花和掌声，但时间久了，大家对他有了更大、更多的期待，而他回报不了这种期待时，大家便会对他失望。

有时候，真的不是这个世界太现实，而是自己不讨喜。

有些人总是以自我为中心，认为只需要讨好自己就行，没必要讨好全世界。然而，这与自身的缺点没关系，你做对了，得不到别人的认同也无所谓，当然无须讨好全世界。但明明是自己做错了，你还要与全世界对抗，这就不对了。

无论自卑与自负，有了缺点就要改正，这才是对待自己的正确方式。

4

那么，我们如何才能不偏不倚地做到自我肯定呢？

很简单，你只要能不断地进步就可以了。当一件事别

人做不到而你能做到时，那就证明你有实力了。

当然，这种进步不是与自己比，也不是与别人比，换句话说，最重要的不是量的积累，而是质的提升。就像登临楼阁一样，只有更上一层楼才能算作进步，而这种进步一定是一种自我突破。

因此，无论进步与否，你骗不了自己，也骗不了别人，当然更骗不了全世界。

所以，就算得不到别人的肯定，你也没必要自卑——你只需在自己的领域好好打磨本领就行，等哪天你的能力上升到一定的水平，再把自己投放到市场中接受检验，你就知道自己的成绩如何了。

▷ 别做那只迷途的候鸟

1

"理想"是年轻人最爱谈的一个词，可以说它魅力无穷。但身为女人则有点委屈，因为身边总有人告诉她们："你只要嫁个有钱人就好了。"

对于女人来说，嫁个好男人似乎就是终极理想。可随着时代的发展，女性独立意识崛起、社会地位提高，也会执着于追求自己的理想：我们凭什么不能实现自己的人生价值呢？

但是，女人与男人到底有所不同。男人要养家，即使追求理想也多偏重于现实；而女人更倾向于情感，即使在理想的选择上也是冲动的成分居多。加上还有嫁人这条后路，这样，女人的理想就变得有点随心所欲了。

随心所欲是好听的话，说得不好听就是好高骛远。不过，话又说回来，哪个女人不想做公主、做女王、做一个事业有成的人呢？可是，这些想法并不是你的目标，如果仅仅抱着这样的态度，你会越来越找不到方向。

在当今时代，英语变得越来越重要。比如，对于没有什么英语基础的华华来说，工作起来就显得有点吃力。

高中毕业后，华华就来到这家公司上班。虽然她学历不高，但她有着较强的业务能力，并凭借这个优势成了公司里的业务主干。近期公司的项目部正在开发国外项目，日常工作需要较高的英文水平才能应付。

这些年，华华一心扑在工作上，对于英语水平来说，该忘的、不该忘的内容她几乎都忘光了。当她重新拿起英文书，才发现看起来如此吃力，但为了让业务更上一层楼，她决定报考雅思。

与考研一样，不扒一层皮，很难考过雅思。华华一方面需要打理公司的事，另一方面学习英语耽误了她不少的工作，领导便对她有了怨言。此时，如果她看重业务，考雅思就彻底没戏了。

到了真正考试的那天，华华看着那些试题依旧一头雾水，她觉得自己这辈子都考不过雅思了，于是对自己很失望，甚至觉得工作也没有了前途。

身边的朋友劝华华说："英语能力不强不代表业务能力不行，你可以用业务能力来弥补英语水平，领导依然会欣赏你的。"

话是这样说，可华华就是无法跨越心里的坎儿。她总认为只有自己各方面的能力都优秀了，才能更上一层楼。起初，她的目标是公司内的业绩第一；现在，既然有了做国外项目的机会，如果抓不住就等于断了未来的路。

阶段不同，机会不同，人的选择和心境也会发生变化。一向争强好胜的华华迷茫了，她原本觉得自己定位准确，但突如其来的打击让她越来越找不到努力的方向。

2

从现实的角度来说，华华的选择没错，毕竟身边有许多人考过雅思，中间也有很多人放弃了，这都是再平常不过的事。但是，很少有人去关注那些失败的人，他们真正的心理是怎么一回事。

一件事情的失败，有时会让人从高处跌落下来，轻者无所谓得失，继续生活；重者如华华这样，对人生都开始失望了。假如你也是这样的人，那就必须反思一下是不是自己出了问题。

人们常说，做事要有始有终。对于这句话，我往往这样理解：把一件事从开始坚持到结束。这么理解当然没有错，但我们却忽略了自己不是为了开始而开始，而是为了结果而开始的。

为了开始而开始，只要开始做就成功了一半。如果能一直坚持下去，就离真正的成功不远了，因为任何事都没有一个固定的结果。比如学英语，难道考上雅思以后就不用继续学习了吗？当然不是，任何学习都没有终点。

但为了结果而选择开始，你会一直拿现状比对结果，

这样你不仅要承受做事的艰难过程，还要承受内心的煎熬。有时，我们努力了很久，结果很可能偏向其他方向，这时你依然会在某种程度上认为自己是失败的。

所谓好高骛远，不仅仅是你设置了不切实际的目标，还包括你的目标是不是有一个终点。如果是，你要么会变成做事的机器，要么最终会变成碌碌无为的人。

其实，做好一件事才是正确的目标。假如华华的目标不是考雅思，而是学好英语，她的压力便会小不少。而学英语看似是一个大目标，其实未必不能学好——要知道，华华学英语的目标是在工作中加以运用，而不是拿下某个专业证书。

3

还有一种好高骛远，是野心真的很大。

身为写作者，我结识了一些有共同爱好的朋友。这些朋友中有新人，也有老手，因为每个人的资历不同，两者的差别也较大。

以我来讲，写作之初我的野心很大，动不动就提文学。我只读名著，不读流行作品，因为觉得后者没有深度。我的目标是写出自己的文学作品，并且一切都是为了这个目标而努力。

但当写了一篇又一篇无人问津的文章后，我才彻底明白，原来自己只是一个空有目标的无能者。从那时起，我调整了心态，开始认真读流行作品，读其他著名作家的作品。我这才发现，这些作品都有亮点，不过是我的愚昧无知蒙蔽了自己的双眼。如果我连这些基本观点都没有，便做不到独立思考，更谈不上深刻。

后来，我在文章中把一个又一个改变过自己生活和心态的观点都写了出来。我不怕别人骂我肤浅，因为凡事都有一个过程。

也有很多人说要等到成熟后才能写作，那什么才算真正的成熟呢？比如，这个星期你思考的问题，可能到下个星期就不纠结了；你认为自己30岁就成熟了，可到了40岁的时候又会改变看法……没有什么成熟的标准时间，你唯一能做的就是把当下的事情做到最好。而且，就算你已经足够成熟，有些思想教诲你也未必能领略——做事还是要一步一步来，最后才能达到那种境界。

与其渴望写出经典的文学作品，不如突破当下的每一个关口。假如在这七八年里，我一直以文学作品为目标进行写作，而我写的每一篇文章又都不是文学作品，那么我

也会把自己为难死。

显然，这种挫败感不能支撑我写作，反而是每一步的突破让我坚持了下来。

4

人们都认为母亲是伟大的。她们之所以伟大，不仅仅是因为对我们付出了无私的爱，把我们养育成人，还有就是她们可以熬过生孩子、带孩子那段漫长、孤独的岁月。

假如一位母亲为自己的孩子设置了一个长远的目标，然后再来养育孩子，那么，不听话的孩子一定会让她的人生失控。这个道理，只有带过孩子的妈妈们会懂。

所以，你设置了好高骛远的目标，人生就一定会失控。你可能会说，那些成功的人从一开始就设立了高远的目标，最后也都实现了，为什么我们不能这样做呢？

我们不是不能这样想，而是两者之间的区别在于，一种目标远大但更注重脚下的路，这类人其实还是在按部就班地做事，并且一直在突破；另外一种只有目标，并且眼睛只盯着目标。

实现目标是一件长远的事，但长远的前提是稳定，稳定的前提是"提纯"。完成任何事的过程都是稳定地做事，并且在做事中不断地提纯，这样才能长远地坚持下去。

所以，借事磨心比成功更重要。

▷ 把喜欢的事折腾成自己的性格

1

我经常听到有人说："我是一个没有天分的人。"

事实上，我也认为自己是一个没有天分的人。但我也知道有许多人在骨子里十分相信自己有天分，所以他们愿意去创新、去创造。

天分是看不见、摸不着的，但通过个人的言行举止能看到。而且，一个人是否有天分，不同的人也会有不同的见解。因此，你对某一部作品很欣赏，但作品本身无法证明作者是否有天分。

不管是否有天分，喜欢某件事，我们就会难以克制地想要去做。如果自己不够自信，其实也没什么关系，只要

想做，总有激发天分的好方法。

有一位学书法的朋友叫小雅，今年 28 岁，理科出身，看上去不够有灵性。她的生活有板有眼，一切都在理性的框架之内，直到现在还没能遇到对的人，她才发现很可能是自己本身出了问题。

小雅不是没有过自己喜欢的对象，只是对方都因为她无趣而拒绝了她。从此，她就有意开始学习书法，希望自己能变得感性起来。

如今，小雅学习书法三年多了，心性上确实有所改善。但是，除了刚开始在书法专业方面突飞猛进之后，慢慢地，她的书法水平又陷入了止步不前的境地，为此她感到十分苦恼。

有一次，我去小雅家做客，她给我看了书法老师讲课的视频。我发现，不是她自己出了问题，很可能是老师的教学方法不对。

这位老师在视频中给学生示范如何起笔、如何收笔，以及要将字写成什么样子才对，然后让学生照做。小雅也一直在照做，经过努力模仿，最后写得跟老师一模一样——这就是小雅学书法一直在原地踏步、很难再突破自我的根本原因。是的，她只会按照条条框框去做一件事，完全没有发挥出天分来，或者说她根本就没有什么天分。

换句话说，小雅被书法老师给限制死了，老师的成就决定了她的成就。如果她不能从中跳脱出来实现自我突破，一辈子都不会写出好作品。

2

不会教学生的老师给你讲方法，让你照做；会教学生的老师会告诉你为什么要这样做，以及这样做了能达到什么境界。前者注重形式，后者注重自省和启发。

这就像武侠小说《神雕侠侣》里，洪七公教了杨过打狗棒法的招式，没有教心法。后来杨过与金轮法王过招时，根本无法应战。在一旁观战的黄蓉只说了几句心法，杨过便完胜金轮法王。

只有招式没有心法，就等于练拳没有内功，空有花架子。但只有心法没有招式，一切也是徒然。

所以，当老师只告诉你方法，不告诉你为什么这样做的时候，你必须问个究竟。如果他也不知道为什么，你便能知道他不是一名合格的老师。如果老师还能借此提出问题去启发你，你则可以继续跟着他学习。因为，他这是告诉你要自己去思考、去领悟。

当学习做一件事时，老师通常会告诉我们："你要有空杯的心态，但空杯的心态最难得。"我们也通常会跟老师提出这样的要求："老师，我要学习这种画风。""老师，我要画出这种感觉。""老师，我要学习这种流派的画。"

拒绝老师生硬死板的教学，其实是一种自由性格的发挥。每个人都渴望能表达出自己想要表达的个性，因为它与众不同，能让人们在众多的作品中一眼就认出哪些是你的。

任何一位大师搞创作的终极目的，其实是表达自我。可是，我们不是大师，初学时随心所欲算是有个性，但只要步入专业模式，这种天性通常会泯灭。就像孩子一样，他们天生是艺术家，但随着年龄的增长变成了普通人。

我们身边有很多学习书法、绘画、音乐、舞蹈的孩子，他们学着学着会逐渐发现自己身上有了匠气。就像画一幅素描作品，即使画得再逼真，他们依然知道这样的作品没有性格，自己终究无法成为大师。因为，人人都在这么画。

3

那么，如何才能在做事中发挥出自己的天分呢？

从外向内来说，天分是一种感知力，就是你在某些生活氛围中能接触到多少信息、受到多少触动，然后再把它们表现出来的过程。

招式能靠努力去练成，但心法不能仅靠努力去练成，还必须学习反观自照，知道当下的境况是什么，自己能做什么，以及解决问题最有效的方法是什么。

比如，你的感知力弱、不容易被感动，那么，你就要在一件事中尽可能地找到容易让自己感动的点。有了这些点，你也不能让这件事停留在自己的脑子里，要付出行动才能算完成。其间，你不要注重阶段性效果与结果，只有完成这件事，才是你运用招式的时候。

所以，招式的训练或者说技能的学习，一定不是为了规范你，而是让你在表达内心情感时把灵感展现得更加专业。假如没有招式的训练，你写不好一个笔画、画不好一根线条，即使心中有万千沟壑，你依然无法描绘出它应有的样子。

因此，进步是双向的，一方面是感知力的提升，一方面是技能的训练。比如，你心中有了感知力，就不会再按照老师的要求去写字、去画画，而是会有所调整。这些调整都是你性格的体现，这种做事方法才能让你成为真正的自己。

4

我之所以感悟到性格与天分之间有关系这件事，是因为我在写作上遇到过瓶颈。

起初，我写文章只会模仿别人，就像学生模仿老师写字一样。不同的是，写文章总要用新观点来作为支撑，就算结构、章法一样，但观点不同，内容也就有了差别。

难的是当时我还没有形成自我表达风格，写出来的文章与同类文章没什么不同——不过都是在讲"努力""时间管理""心灵抚慰"……也就是说，我想要出新不容易。

我一直在问自己：我的性格是什么？我如何展现自己的性格？然后，我发现别人习惯教授大众化的招式，比如如何读书、如何赚钱等，但没有人告诉我们，为什么我们总是坚持不下去？如何才能不急不躁？怎样才能更好地努力奋斗？

因为对"心法"比较擅长，我也很容易受到这方面的感动，加上一路走来心中也有所感悟，于是，我决定用别人不容易看到的其他角度去讲生活中的问题，最后也就打开了新的思路。

当然，这并不是指我懂心理学。一个人懂心理学，未

必能医好自己内心的创伤，但懂"心法"，很多事就容易
看开——即使遇到困难，我们也总有办法解决。

正所谓：办法总比困难多。

5

在《苦瓜和尚画语录》中，石涛讲到了"蒙养生活"
状态："墨非蒙养不灵，笔非生活不神。能受蒙养之灵而
不解生活之神，是有墨无笔也。能受生活之神而不变蒙养
之灵，是有笔无墨也。"

"蒙"是一种混沌的状态，"养"是指时间的养成。
这段话告诉我们，人不能被表面的事情所影响，还是要潜
到生活的深处。因为，潜到生活深处就能看到别人看不到
的方方面面。

主动去探索生活才能产生知觉与触动，然后才能更好
地表达自己的想法。不同的是，这种感受与角度是你自己
特有的。

今天，人们的生活似乎很表面化：一个问题，我们不
经思考就能百度出答案；一个答案，我们不经思考就自动
丢弃了。于是，我们越来越注重形式，以此来佐证生活和
自己的存在感。

假如抱着这样的心态去做事，你不仅活不出性格，就连把事情做好都很难。

你就是你，天底下没有谁跟你一样，把自己的性格和天分发挥好，才是你要努力去做的事。

正如一句歌词所表达的："我就是我，是颜色不一样的烟火。"

▷ 不要让未来的主角，讨厌现在的路人甲

1

假如人生一定要有一个定位，你希望是什么？是一个知性、成功的女人，还是一位好妻子或者好妈妈？

其实，每个人的答案都不一样。你可以既是一个知性、成功的女人，又是一位好妻子、好妈妈。无论如何，当你的内心渴望成为某个角色时，人们通常会忽略你是否丧失了自我。

我有三年没见过英子了，虽然我们偶尔用微信联系，但每次聊天最多也不过四五句话。与她不同的是，我整日闲在家里，除了写文章就是喝茶看书，就算有忙碌的时候，也总能挤出时间与朋友聊上几句。

英子在一家互联网公司上班，由于站在行业的风口浪尖，她的工作量成倍地增加，开会、加班、出差等早成了家常便饭。虽说大家都在北京，但英子经常出差，我们已经有很长时间没见面了。她常说："现在，每天有18个小时都不是我自己的，即使还有6个小时的自由时间，也被睡觉占去了四五个小时。"

英子的生活时间表在当今时代已经成为常态，迫于生存的压力，很多人必须把自己活成一个能人巧匠。起初，这样的生活习惯没什么不好，但时间一长就会发现问题接踵而至——身体亮起红灯、朋友逐渐远离、没时间沉下心来思考……

有人说："有的人一年活了365天；有的人一年只活了一天，然后重复了364次。"当一个人为了工作而工作，为了成功而努力，为了喜欢的事而拼命时，他俨然已经失去了真正的生活。

2

三四年前，我也是一个十分努力的人。那时，我的写作之路并不通畅，挣的钱不是很多——为了生活下去，只能多写文章。

每天我从早到晚大量地写文章，有时还会熬夜。与其他工作一样，长时间的久坐和敲键盘让我的身体出了问题——手指关节在打字时会感到疼痛，脊椎也出了问题。即使如此，我还保持着写作进度，比如站着慢慢打字。

因为只有输出（写作），没有输入（读书），写了整整一年后，我再也写不出一个字来。那时，因为身体也需要调养，我才算是停了下来。每天我只做少量的工作，把重心放到了读书和调养上。

人一旦静下来就会思考许多问题，我一直在问自己：这么做值得吗？

答案是：值得，因为喜欢。

接着，我又问自己：如此下去，即使自己成功了又能怎样？

答案是：现在的状态只是暂时的，假如成功了，谁还会这么忙碌呢？每天随便写写就行，日子会轻松起来。

那么，难道现在我不能轻松下来吗？不能提前过上成功人士那样的日子吗？然后，我发现生活不是事业的，也不是工作的，更不是爱人的，而是自己的。我不能为了这些而失去自我。

3

我们一直渴望给人生一个定位，成为某个角色。比如，一名作家，一位成功人士，一位好妻子或好妈妈……

为了完成角色，我们一直为此而努力付出，却忽略了自己还应该为生活定位。

不管我们在追求什么，生活本身才是重点。我们的一切努力都是为了生活得更好，如果你的注意力都不在生活上，生活又怎么能好起来呢？

生活并不是我们今天吃了一顿美餐，明天读了一本好书，后天就成功了……其实，生活是所有事情的总和。当从生活的角度去看时间的安排时，我们会发现自己的人生失衡了——可能工作时间付出过多，可能在爱情里付出过多，可能作为母亲的角色付出过多……

五行之中，金木水火土是一个循环，它们相生相克。所以，无论其中哪一个过多或过少，五行都会失衡，也就

是要出问题。

人生也是如此，我们可以去努力赚钱追求成功，却不能忽视生活本身。有时候，即使你再努力，成功也未必属于你。假如成功的光环盖过自己，那你便不是自己的主角了，主角只是成功所附带的光环而已。因此，对待任何一件事，我们自己才是主体，生活才是根本。

4

明白这个道理以后，我在对待写作这份职业时放松了不少，无论自己多么努力，我一直保持着业余的心态，不断地告诉自己："这只是我生活的一部分，并不是生活的全部。"

因为，每个人的职业态度基本都会趋向于功利，然后才会兼顾生活以及其他……

然而，我们精力有限又分身乏术，只能用最简单的心态专心地做一件事。当然，这并不是说做事不能专业，而是不功利，一心只做好一件事就好了。

放到生活里，写作与喝茶、插花、做手工制品等没什么不同，它们都是用来平衡生活的——写作累了就焚香读书、喝茶、插花，就是这么简单。

我们无法预知命运，也无法预算成功，所以功利起来其实没有什么意义。因为，无论成功与否，我们都要好好地生活下去。比如，许多女人会精进自己的技能，以为这就是在提升自我，却忽略了精进自己的思想。

这就像我们凡事看不开、整日焦虑、遇到一点事情会发脾气……不管我们在其他方面有多厉害，因为心灵弱小，所以自己才会焦虑、恐惧。

我们需要思考内心更深层次的需求，一点点地精进自我。生活也是如此，对它了解得越深，你的生活就能平衡得越好。

5

有一天，我发朋友圈说："我特别喜欢手艺人，特别喜欢匠人精神，特别想做个匠人。"

甲回复说："你坚持了那么久，你已经有了匠人精神了。"

乙回复说："我也喜欢匠人精神，但前提是要能养活自己。"

丙回复说："我每天在打包发货，已成为一个匠人。"

……

　　我发现，很多人理解错了匠人精神和匠人。在我看来，匠人精神是一种做事的精神，这种精神不仅需要应用到工作中，更需要应用到生活中的每一个地方。

　　既然这是一种精神，它就不仅仅是指某一种专业技能，比如做美食、泡茶、刺绣等，其实我们都要用匠人精神去做事。我们要在这种精神中不断精进自己、精进生活，这与坚持与否、能否养活自己并不相关。

　　匠人，则是指能够静下心来打磨自己的手艺，为了手艺可以专注地投入一件事中，与外界的功利不再发生任何关联。

　　这些时刻都是属于匠人的，等从中走出来以后，他们再来考虑养活自己、变卖产品的问题。这样才能既打磨好手艺，也能兼顾现实生活。

　　当然，打磨手艺与是否生产出市场需求的产品并不冲突，因为市场需求的产品也需要不断地精进。

　　所有的这一切，重要的是你的态度。

　　心有所安、人有所住，生活平衡，你才能成为真正的主角。那时，即使获得再大的成功，你自身的魅力也才是光芒之所在。因为，是你自己掌控了所有的事，而不是事情掌控了你。

▷ 给心灵一个安全的定位

1

人们习惯给人生定位、给事业定位，却从不给生活定位，更不给心灵定位。于是，每个人都有一颗每天陪伴自己的心灵，自己却很少关注它的存在。

不管我们生气、焦虑或是开心、快乐，一切都源于外界的刺激。即使我们在追求成功或追求理想，也不过是比对外部事物后做的决定。然而，这一切与心灵并不相关。

青青是一个多愁善感的女孩，她之所以有这样的性格，是因为她的家庭。父母对青青总是忽视，对弟弟更为上心，时间久了，她的心理多少出了一点问题。

青青没有安全感，小时候她就喜欢想尽办法讨父母的欢心，好获得他们的关注。步入职场后，她喜欢猜测老板和同事的心理，希望获得他们的好感。有时，老板或同事

无意中说的一句话都会触及她的内心，让她焦虑起来。

不仅如此，青青对生活也总是思虑过多。有时，与朋友一起出去吃饭或者逛街，她原本很开心，却总觉得这样快乐的时光太短了。面对流逝的快乐时光，她焦虑得不能好好地享受。

青青如此多愁善感，确实有问题。可是，我们对未来的担忧似乎并不比她少，这几乎是每个人都有的通病：为了给孩子一个更好的生活环境，现在就开始焦虑；为了应对大病风险，在年轻的时候就为自己买保险；为了将来养老，就不断地拼命挣钱……

即使这样，我们依然没有安全感。我们的大脑整日都在思虑、在忧愁，去想那些听上去有意义实则与生活并无多大关系的事。

这就好像，去一家餐厅吃饭，我们通常会想吃什么、怎么吃，却忽略了身体的新陈代谢。其实，身体能否消化吸收食物的营养，到底是转化成能量还是产出垃圾，比吃什么、怎么吃更重要。

我们忽略了自己的胃，于是就默认它不会出问题，以为只要吃了饭，它就会消化吸收掉。其实不然，饭吃得过饱或者过于生冷、辛辣，都会伤害自己的身体。

同样，我们忧心现状、思虑未来……这些情绪被外界引发，但我们从来没有顾及自己的心灵是否受伤了。因为感觉不到它的存在，于是就默认它是情绪本身。其实不然，要知道所有的情绪都会伤害心灵、伤害身体。

我们只有细心地去呵护自己的身体和心灵，才能生活得越来越好。

2

小影是一个爱发脾气的人，我每次见到她，她总是气呼呼的——不是在为公司里的事生气，就是在抱怨生活里的不公。比如，某天在超市排队等待结账时，有人插队了，她会生气；在洗手间里，有人甩她一身水，她会生气；不入她法眼的同事被上司提拔了，她会生气……

我不想听她抱怨，时常劝她："不要生气，这样对身体不好。"她听完后一般会更生气，说："道理我都懂，可是遇上事情了，我忍不住啊！"

我想，你身边一定也有这样的朋友。

网上流行一句话："听过很多道理，依然过不好这一生。"有时候，我是一个爱较真的人——别人越是怎样说，我就越想怎样把道理实践到生活中。既然去实践道理是对

的，我为什么不去做呢？

3

之前，我也是一个脾气超级大的人——脾气上来了，把电脑砸了都能做出来。后来，当我知道发脾气对身体特别不好时，我打算改掉这个毛病。

我原来每天发一两次小脾气，三四天发一次大脾气，想要一下子就改掉发脾气的毛病，何其难啊！可正因为难，我才想要迎难而上。

有一次看见老公下班回到家里就抱着手机打游戏，我的火就上来了，可是一想到要改掉自己爱发脾气的毛病，我还是忍住了。就在改掉这个毛病的过程中，我又看到了一种说法，说是忍着脾气不发对身体更不好，时间久了会得大病。于是，我陷入纠结中，不知道到底要不要改掉自己发脾气的毛病。

在不断地思索与学习中，我逐渐明白了自己要做的其实不是改掉发脾气的毛病，而是学会释放心灵，改变看问题的角度。

比如，有人对我说了刺耳的话，可能他是无心的，也可能他天生就说话难听。但不管怎样，他说的话都改变不了我的看法，唯一能改变的是我因为这句话生气了，然后伤了自己。

再如，老公打游戏可能是上班一天后累了想要放松一下，也可能是他天生就不上进。所以，我发脾气只能导致两个人吵架，解决不了任何问题。因此，真正能解决心灵问题的办法，不是把外界的一切都当敌人，而是接纳情绪的存在并找到背后的事实。

因为自己不强大，所以我们才会把成功的希望寄托于另一半；因为自己的能力不够，所以摊上事处理不了就变成倒霉蛋……然而，想要做成一件事，一定离不开承受力。要知道，压死自己的最后一根稻草，通常是自己加上去的。

4

假如人生有框架，需要一个大格局，那么，我们心灵的格局有多大呢？

当心灵越来越大时，你才能包容万物，一切在你看来都不是事。相反，不管你的事业多么有成就，或者人生多么成功，如果心灵弱小，你依然会没有安全感，依然会过得不开心。

这时，你才会发现一个人过得快乐也是一种能力，而

这种能力是花钱买不来的。所以，当我们一心想要变得强大的时候，一定要问一问自己：你的心灵格局有多大？

我们都知道，一个孩子只有好好学习，将来才有机会考上好大学，找一份好工作，有一个成功的人生。然而，孩子的一切都是未知的，家长却会一直朝这个方向努力。

同样如此，我们的心灵也要"上学"，这样它才能真正地长大成人，用正确的角度去看待问题、解决问题。这也是为什么许多人说"我知道，但做不到"的重要原因——你从来没有给过心灵机会，它连小学都没上过，如何能有大格局呢？

试想，初学生字时，我们写下第一个笔画一定是歪歪扭扭的。可是，经过反复练习最终不还是学会了吗？那时我们能做到，现在也依然能做到，这才是做事的本质。

一个做事急于求成的人，多半是因为不了解做事的过程，所以也容易半途而废。既然不了解如何去做一件事，就要一步一步地慢慢来。

每个人的心灵都应该上大学，当然这还不够，它还要考研、留学，这样，它的格局才能不断提升。到那时，我们还怕什么困难呢？因为，我们已经有了一个宰相的肚子，正所谓：宰相肚里能撑船。

第 三 章

个性越精致，越有女王范

想要生活变得精致，一定要有精致的性格，这样，人生才不会缺失最重要的部分。

▷ 让你美的不是外表，是性格

1

每次看到自然界中的动物，我总会不由得感叹：还是雄性好看——你看，孔雀、鸳鸯、鸭子、鸡……哪一种不是雄性好看呢？然而，回归到人身上，我觉得男人就比女人丑多了。

对此，我老公说："动物中的雄性努力展现自己，是为了获得交配权。女人打扮得花枝招展，是为了吸引男人的眼光。"这句话我不敢苟同，但细细想来不得不说它很有道理——女人在某种程度上的美丽，确实是为了吸引男人。

有一天晚上，我跟老公看某卫视节目，一位拥有千万粉丝的女网红在舞台上演讲，她是标准的锥子脸，长着大大的眼睛、小小的鼻子，加上白皙的皮肤，怎么看都是完美的。这位女网红在舞台上讲了自己的心路历程，虽然最后我没因此而成为她的粉丝，但还是想去她的直播间看一看。

老公刷手机时见过这位女网红的视频剪辑集锦，便跟我说："我给你找找看。"等老公拿出手机往前翻浏览内容时，发现每一位女主播都长得差不多，他挨个地问我："是她吗？"我看了看，她们长得都像，又不那么像……若不是电视里出现了女网红的名字，我怕是很难根据长相搜索到她的直播间。

我突然发现，如果抹去名字，仅凭一张脸的女网红竟然毫无特色可言。

当越来越多的女人是瓜子脸、大眼睛、小鼻子时，尽管那真的好看，但她们几乎是一个模子里刻出来的，千篇一律得让人会产生审美疲劳。

"好看的皮囊千篇一律，有趣的灵魂万里挑一。"即使知道好看的皮囊都一样，女人还是乐意让自己变得好看。至于有趣的灵魂，她们觉得只要有点个性或是有点能耐，再有点幽默似乎就够了。

其实不然。因为女人对"有趣"的理解还不够透彻，所有的注意力基本还是放在了外表上。再者说，谁不希望

自己变得越来越好看呢？

追求美是女人的天性，为了变漂亮，她们愿意买几十种色号的口红、很多款式的包包，甚至上百双鞋子……

有个独立的衣帽间，是某些女人终生的梦想。

2

有人说："人品的好坏和外表没关系，但越丑的女人就越容易受到漠视，所以她总要学会更多的本领来包装自己，这是中等以上长相者体会不到的。"

从另一个角度来说，长得漂亮的女人在爱情、事业的选择中有着天然的优势。所以，为了让自己的人生越来越顺利，有不少女人选择了整容。

可话又说回来，老板会雇佣一个长得漂亮但大脑里空无一物的女人为员工吗？男人会长时间交往一个长得漂亮但人品不好的女朋友吗？谁愿意跟一个长得好看但毫无个性的女人结婚呢？

当然，有的女人既长得好看又有能力，而且这样的女人不在少数。我想说的是，每个人每天都只有 24 小时，那些为了变漂亮花掉太多时间的女人，过于把生活的重心放在变美上，她们的人生必然不会如想象中的那样圆满。

　　与人交往，长相可能会为自己加分，但想要长时间跟人做朋友，最重要的还是看人品。无论一个女人长得有多好看，当你遇到困难时，她不仅不帮你，还对你落井下石，你自然会远离她。所以，女人与其在外表上下功夫，不如做一个诚实可靠的人来得更实在。

　　一个人喜欢另一个人，一定是喜欢他的性格而不是外表——当你想用外表赢得一切时，本身就已经输了。你想想看，我们身边的大多数人都是普通人，但他们最终都成了自己的朋友、贵人或者说生命中最重要的人。

　　有人说，这个世界太浮华、虚伪，我们必须学会说假话、卖笑脸，不这样做就无法生存下去。但经历告诉我们，只有敢于直面自己的缺点，敢于把真实的自己展现出来，才能交到真正的朋友。

3

　　我有一个小型朋友群，最初群内只有五六个人，大家都是一帮写作者，建群的目的是为了分享彼此手中的资源。但聊得越来越多后，我发现每个人都愿意在群里把自己生活中的不如意讲出来。

　　当然，这种讲述并非抱怨式的倾诉，而是大胆地说出

自己的看法——好就是好，坏就是坏，每个人都有缺点，重点看底色是什么。因为群内的人都很善良，有分享精神，于是不断有新人加入进来。

新人进群的筛选标准只有一个，就是人品要好。我们不需要那些虚伪的人，因为与他们交往实在太累了。

后来，一名广告策划人的朋友进了群，他是某公司的主管。他的生活被工作和应酬所占满，并且理所当然地认为世界就是如此。但是，他进群后发现与群内的人交往十分简单，根本不用戴面具。他说："我喜欢与你们交流，也愿意彼此帮助，因为人品的好坏决定了要不要做一辈子的朋友。外面那些人只是相互利用，那就让他们去利用好了，我终究不会跟他们成为真正的朋友。"

不管这个世界如何变化，我们的内心永远渴望交往人品好的朋友。有时我们之所以戴着面具，不是因为我们真的坏，而是为了自保。

其实，每个人都不傻，你有没有戴面具大家都知道，只不过这个游戏就这样被你玩下去了，出于自保，你活成了孤独的人。因此，敢于展现真实的底色，你才能真正地让自己的生活变得美好起来。

4

敢于把真实的自己展现出来，并不等于让自己深陷泥潭。你可以跟朋友吃肉喝酒，谈笑风生，但重点是你要有底线，做事要靠谱，不说假话、大话、空话。时间久了，别人自然会高看你一眼。

当你内心渴望身边的朋友人品好时，你交往的对象也会有这样的渴望。你人品好，满足了对方的渴望，就是酒逢知己千杯少。重点是，你不要因为遇到过几个坏人就否定了所有人，我们终此一生就是为了找到一些能真正懂得、欣赏自己的人。

所以，与其在外表上下功夫，不如在分寸上学习。我们应该一点点地学习，把握社会现实与自己之间的分寸，这样才能既不伤害自己，又不错失真正的好朋友。

有一天，一位作者朋友对我说："我看完一部电视剧的人物小传后，也给自己写了人物小传。就自己的性格而言，我发现自己在故事里就算当个配角都不是好配角。"

在这个故事里，反角虚伪、阴险、狡诈的一面全部暴露在观众面前，而主角善良、可爱、勇敢的一面也获得了观众的欣赏。我们都喜欢故事里的主角，但别忘了，你才

是自己人生的主角啊!

所以,你也给自己写个人物小传吧,你会知道自己到底哪里受人欢迎、哪里需要改正。这样,随着不断地调整自己,最终你会成就最完美的自己。

人生就是一个不断学习的过程,不管你愿不愿意,它都不会以你的意志为转移。你不学习,挫折就会越来越多;学习了,你就有了解决问题的能力,挫折就会越来越少。

想要生活变得精致,一定要有精致的性格,这样,人生才不会缺失最重要的部分。

▷ 在下一个转角,遇见最好的自己

1

罗永浩说:"为什么很多人试图去为学习付费?因为他们期望在转角遇到更好的自己。"

很遗憾,我们学习了那么久,也没有遇到更好的自己。

因为那无非是每天励志又每天放弃，如此循环往复，就算偶尔突击一下，对于人生并不会起到太大的作用。

网络课程现在很流行，身边有太多的人报了各种各样的班，他们以为再努力一点，人生的道路就会平坦一些——毕竟，多学一项技能就多端了一个挣钱的饭碗；多挣一点钱，人生就会好过一点。

可是，我们不能忽视的问题是，如果认知层次没有发生改变，以后遇到更大的风雨，那些生活技能依然无法帮助自己抵抗挫折。

"月有阴晴圆缺，人有悲欢离合"，不管你愿不愿意，该来的一样都不会少。

在从事专业写作之前，我是一个生意人。我在某商城租了一个柜台做批发生意，有固定客户也做零售，那时虽说生意做得不大，但也遍布几个地区。我赚过钱，风光过，但最后还是赔了。

做生意的失败对我的打击很大，我还要面临男朋友跟我分手一事，以及亲朋好友的嘲笑。我不敢出门见人，因为人家总会问我："做生意怎么赔了呢？你借的钱到底什么时候能还上？"

除了家人，几乎没人真正地关心我到底开不开心，以

及该如何扛过苦难。那时我年纪不大，没什么抗压能力，总想着不如一死了之。

可是，早在小时候妈妈就告诉过我："不管遇到什么事情，你都不能放弃生命。如果你出事了，我也就不活了。"一想到如果我死了，妈妈也会因失去我而痛苦不堪，我就放弃了轻生的念头。就这样，我一天天地熬着，饭要吃、房租要交、钱要还……一切我都不能逃避。

我忍受着内心的痛苦，毅然决然地重新站在了朋友面前，直面这些问题。当他们全部知道我不再做生意以后，也就忽视了我的存在，不再问东问西。时间再久一点，这件事似乎就翻篇了，只要我好好工作，还掉欠款，好像也没什么事了。

时间越久，这件事对我的伤害就越小。如今再提起来，好像是在讲别人的故事。

2

那时我便明白，当事情已经发生，逃避没有任何作用，唯有勇敢面对才能熬过苦难。假如那时我选择轻生，那么也不会成就今天的我。想想当下自己面对的所有苦难，十年后回头再看可能根本不算什么。

网上有许多人讨厌赞扬苦难，他们说苦难就是苦难，不该被赞扬。

这话听上去没错，但不能忽视的是，不管你赞不赞扬，你改变不了苦难到来的事实。当你越觉得苦难不该被赞扬时，你便站到了它的对立面，你越是与它对抗，你受到的伤害就越大。

这时，你会抱怨自己命不好，你会觉得自己是全世界最悲哀的人，这种情绪会让你忘记当下最重要的是站起来。其实，只有经受住极致的考验，你才能知道苦难到底是怎么一回事。

有的人也讨厌把苦难当成修行。可是，讨厌也没用，你经历了、成长了，它确实就是一种修行。如果你只是让时间去消磨苦难，才算是白活一场。

3

如今，我还是会有不顺心的时候。比如，每次写作到一定的阶段，我便面临着突破，如果一直突破不了，我就会感到很痛苦。这时，我会暂停写作去看书喝茶，去周边的景点散心……

如果一连两个月写作不了，我会变得焦虑起来，怀疑

自己是不是废了，这辈子再也无法写作。然后，我会彻夜不眠，难过地告诉老公："让我去饭店洗盘子吧，大概我只能做洗盘子的工作，我不适合写作……"

老公安慰我说："你再熬一段时间看看。"

可是，一段时间是多久呢？似乎遥遥无期。但奇怪的是，每次难过到想要放弃的时候，两三天后事情往往会迎来转机。

后来，我不再害怕无法突破自我，因为我知道阴阳转化、物极必反是自然规律。无法突破自我只是时间还没到，那么，我要做的不过是努力和进步，然后等待转机出现就好了。

如今，我不再为写作而焦虑，因为我知道假如真的无法突破自我，焦虑没有任何用。一切都顺其自然吧。

不过，人们口中常说的顺其自然，其实是一种逃避、不负责任的行为。你以为把问题放在那里不去管，它就会自然而然地消失，或者你会遇到一个好心人帮自己解决问题……

你要知道，顺其自然并不是不作为，而是懂得人生不如意事十之八九；懂得"阳极必阴、阴极必阳"的自然规律；懂得熬一熬就过去了，人生还有许多可以从头再来的机会……

你深信人生可以从头再来，那还有什么好恐惧的呢？

<h2 style="text-align:center">4</h2>

我们从小接受的教育是学习各种知识，却没有人告诉我们遇到苦难时到底该怎么办。我们在知识的海洋里畅游着，却忘记到了陆地上也需要奔跑。

有一次，我陪小侄女参加小提琴考级回来，就跟朋友说："假如我有了孩子，我一定不会抓他的学习成绩，我觉得只看分数没有意义。"

朋友说："任何一个女人在没孩子之前都是这么想的，等你有了孩子就不会这么想了。"

可能有了孩子以后，我确实会为孩子的成绩而焦虑，但是经验告诉我，我希望自己的孩子能更多地在心境上通透，而不是在物质上努力。

一个人无论喜不喜欢成功，如果不够通透，人生依然会挫折不断。在事业上努力，他就会在事业上受到打击，同时还要承受巨大的心理压力。但他在通透上努力了，即使遇到挫折也能轻松应对。

所以，人生最主要的不是物质，而是要有一颗坚强的

心——只有坚强地走下去，人生才有无限可能。

因此，不管经历什么样的风雨，你一定要坚强地走下去——毕竟余生还很长，在某个转角时刻，你会遇到最好的自己。

▷ 与其讨好世界，不如讨好自己

1

朋友小娅是地地道道的讨好型人格，追本溯源，是她的父母重男轻女——她一出生就决定了自己在家庭中的地位是次要的，甚至是可有可无的。

7岁的时候，小娅已经学会站在凳子上煎鸡蛋了。她以为自己的表现会得到妈妈的赞扬，谁知妈妈把她批评了一顿："你就会给我找事，你要是摔着了、烫着了，还不得送你去医院。"

小娅的学习成绩出色，每次都能考年级第一。她以为自己的成绩会让父母开心，可爸爸对她说："女孩子将来要嫁人的，学习好没什么用。"相反，如果弟弟考进全班前十名，爸妈都会对他赞赏有加。

弟弟想吃什么、穿什么，爸妈都会尽力满足他。但凡小娅提出一点要求，父母都会无情地驳回。她总是想着讨好爸妈，让他们多看自己一眼，可她的一切努力并没有换回自己想要的结果。

工作以后，也是因为讨好型人格，小娅成了公司里被人讨厌的"墙头草"。

小娅觉得很委屈，有一次哭着对我说："我只是想让别人开心一些，可为什么我就是不被人喜欢呢？这大概就是命，我天生就是不招人喜欢的命。"

我挺同情她的，说："其实，你不用讨好全世界，你最该讨好的人是自己。"

小娅听后沉默了半晌，缓缓她说："我都已经做成这样了，他们还不喜欢我，要是凡事为自己，我不是更得不到别人的喜欢了吗？"

2

我不知道你是不是像小娅这样的人，反正曾经我也是

一个讨好型人格的人，但与小娅不同的是，我只在人际交往和工作中讨好别人。

身处复杂的社会环境中，人们通常有这样一个生存法则：多一事不如少一事，能温和地解决问题，干吗要对别人说"不"呢？反正忍一忍就过去了，和气才能生财。也就是说，只有牺牲自己来成全别人，我们才能在这个社会上生存下去。

其实，用心理学上的话说，这种心态就是一个人应该以别人为中心，即便本心上做不到以别人为中心，但也要假装能做到。

直到有一天，我突然发现，原来讨好别人是世界上最愚蠢的事。

十多年前，我曾经在一家公司做电话销售员。那时候，电话销售还是一个"不让人讨厌"的行业，我的销售业绩在公司里属于中上水平，但远远比不上另一位销售精英S。

做业务培训时，我与S是同桌，因此比较熟悉。后来到了工作岗位上，中午我们还会在一起吃饭。我想把业绩做上去，跟S吃饭时就会向她请教关于销售方面的事。

我发现，在不同的位置时，S的做法也发生了不同的变化——大家都是培训生时，我们无话不谈；但回归到各自的岗位后，S 成了一个不谈工作的人。

为了让 S 多传授点经验给我，每天中午吃饭时我都会尽量讨好她。比如，有时我会请她吃饭，有时送她一瓶饮料，有时给她买一些水果……

随着 S 在公司里的业绩越来越好，她被提升为组长，成了我的领导。从此以后，她与我吃饭的次数越来越少，而与她一起吃饭的对象变成了其他组的组长。因为她要带团队，自然也要向其他组长多讨教。

这就是现实。

3

通过这件事，我逐渐明白，只有同等层级的人才有可能对话。所以，与其讨好别人，不如先提升自己的层级。

生活中，我们经常会见到下属讨好领导；没有资源的人，讨好有资源的人；不成功的人，讨好成功的人……他们以为多喝几杯酒、多卖几个笑脸、多送几份礼物，人家就会把资源分享给他们。其实，他们只是一厢情愿而已。

因为，有资源的人，身边一定有一群讨好他的人，他早就见怪不怪了。而真正能吸引他注意力的，要么是你很有能力，能为他赚钱；要么是你有与之交换的资源。否则，

你的讨好就会竹篮打水一场空。

不是这个社会太现实，而是这原本就是它自有的运行系统。讨好别人与自己努力都要卖力气，那么，你干吗还要把力气花在既不长功夫，又不一定能成功的讨好上呢？

你在专业上的努力，虽然不一定会让你成功，但至少你的技能会因此而提升，也算是有所收获。而一味地讨好别人，你终将一无所长。

4

如果说社会有它独有的运行规则，那么，小娅的父母打心底不喜欢她，这是她再怎么讨好父母也没法改变的事实。

父母喜欢的是男孩，所以，就算小娅用做家务、考出好成绩来让他们开心，也都不会成功。有句俗话叫"对症下药"，只有找到症结所在，她才能让父母改变传统的观念。

其实，不管是哪一种类型的讨好，你都是把自己放到了弱势的位置上。然而，人们天生地讨厌弱者，所以，在被讨好之人的眼中，你的讨好只不过是可以忽视的存在。

人们常常抱怨生活很难，其实是自己把自己难住了。

你明明可以提升技能，让自己越来越强大，却偏偏想着投机取巧，走讨好别人的路线，悲不悲哀呢？

你明明可以活得越来越出色，偏偏活成了别人期望的样子，悲不悲哀呢？

人生就是一个慢慢找到自我的过程，这中间一定会走弯路，但这些都没什么关系，重要的是你是否变得比之前更好了。

所以，当你开始过度关注外界的时候，你就会逐渐失去自我；而只有当你开始关注自我的时候，你才会越来越强大。

请记住：你不用讨好全世界，你最该讨好的人是自己。你自己越强大，就会活得越潇洒。

▷ 世界上最大的谎言，就是"你不行"

1

　　每次进到闺密群里，总会看到有些女人在抱怨：结了婚的，婚后想继续去工作，老公总会阻止，让她在家待孕；想要结婚的，遇到自己心仪的男生，家人总说对方条件不够好；年轻的姑娘，想放下工作追求理想，亲朋好友更是一片反对的声音……

　　不管我们愿不愿意，只要与人接触，就会听到反对的声音。这些声音有的是在指责，有的是在抱怨，还有的是在否定你——他们会否定你的理想，否定你的成果，更有甚者会否定你本人。

　　人越是在年轻的时候，听到反对自己的声音会越多。随着年龄的增长，你原以为凡事可以自己做主了，这时又会有"过来人"出来跟你说："我走过的桥比你走过的路都多，你这样做事肯定不行。"

人们常说："不听老人言，吃亏在眼前。"有时候，我们只是想听一听多方面的意见，可是这些意见不仅没帮我们解决问题，反而让我们连目标都失去了。

我们自己决定的事，真的有那么不堪吗？

2

二十来岁的时候，我在一家电子城做销售工作。有些老板是"地租控"，他们四处买店铺、买柜台，然后将店铺和柜台出租，靠收租过日子。

当然，柜台总不能空着，市场管理员会强制那些老板经营，他们只好随便摆点东西做做样子，然后每天依旧四处游逛。因为柜台离得近，有的老板看到我们不忙了，就会坐下来跟我们聊天。这样，我才知道他们出租柜台的事。

不久，店里换了店长，整个团队马上一片涣散，我就有了辞职的想法。辞职后找工作时，我碰到了出租柜台的老板，他让我去他那边帮忙一些日子，不但不收我的租金，每天的销售利润还全部归我。

我答应了，也就开始了做生意的日子。这样做了两个月，我开始自己进货，靠老客户养柜台，收入比之前上班

时挣的工资有所提高。但就在这时，老板提出要收柜台租金，不然就不让我做了。

我的销售收入并不高，自己租柜台做生意，就意味着要承担一大笔开支，如果业绩不持续增长，就等于一切白干了。可是，我想试一试。

那时我没什么积蓄，一次要缴付几个月的租金，我根本拿不出这么多钱来。于是，我开始向亲朋好友借钱，但没一个人支持我，种种声音都在告诉我"你不行"。

"你年纪不大，经验不足，做生意就意味着会赔钱。"

"假如真的赔了，这些钱怎么还呢？""一个女孩子家，要找份稳当的工作，将来嫁个好老公才是正确的选择。"

可是，我决心已下，当时谁也没能阻止我。

事实证明，我的选择是对的，因为后来我真的赚到了钱。那时候，我算是体会到原来一个人想要做成一件事特别难，除了要努力做好自己应该做的事情外，还要应付各种反对自己的声音。如果没有较好的心理承受能力，估计什么事也做不成。

3

当时，那些反对的声音仅仅只是一种压力。后来我改行搞写作，反而是曾经那些反对的声音才让我承受了巨大的打击。

众所周知，写作是一个漫长的工作，你不知道什么时候才能熬到头——有些人很可能一辈子也无法证明自己。当身边的人都选择去做一份普通的工作，或者在家相夫教子时，我选择辞职写作，于是就变成了一个别人口中的"神经病"。

女人一过 25 岁，几乎都要承受被家人逼婚的压力。而我选择写作，与被逼婚真的没什么不同。

一开始，亲朋好友只要见到我，总会劝我放弃不切实际的梦想，好好找一份工作才对。后来，在网上跟同学聊天，他们也劝我放弃，因为他们都觉得我不行——我只是一个普通人，没法成为作家。

那时候，我感觉全世界的人都觉得我不行。加上写作之路不顺，无法证明自己，我整天纠结到底是坚持还是放弃。就这样，我患了抑郁症，彻夜失眠。

老公见我这么痛苦，就劝我先去工作一段时间看看，我只好重新去找工作。当时，我以为身边的好友一定会嘲笑说："你看，我就说你不行嘛！"结果，他们只是说："你的选择是对的。"

一时间，我发现自己完全理解错了别人口中的"你不行"。我本以为他们说"你不行"，只不过是想证明他们的眼光好，等我放弃以后再来嘲笑我。

通过这件事，我发现他们之所以说"你不行"，并不是你真的不行，而是源自"嫉妒"，因为你走了一条他们想走却不敢走的路。

4

无论是谁，不管实际上有多平凡，心中总会渴望不凡。但是，不凡意味着风险，所以很多人仅仅把想法停留在脑子里而不去付诸行动。

当你渴望把梦想变成现实并因此开始行动时，朋友给你的一般不是鼓励与支持，而是劝你放弃：一方面，他们可能是真的为你好；另一方面，他们怕你真的成功了，就会凸显出他们的普通。

我们通常以为人们会嫉妒比自己过得好的人，其实不止如此，你的选择只要超出他们的规则范围，不管你是不是比他们过得好，他们都会嫉妒。

比如，你与一个很爱自己的穷小子结婚了，他们会嫉妒你爱情满满；你生完孩子就去工作，他们会嫉妒你活成了家庭、事业两不误的女人；你经常利用假期去旅行，他们会嫉妒你看到过比他们多的风景……

人人都没有安全感，潜意识里都怕别人比自己过得好。只要你平平淡淡地结婚生子、相夫教子，别人一定不会站在人生观的角度否定你；只要你还在日常规则里生活着，你就是安全的，因为不会被别人注意到。

但不管怎样，自己决定的事就要好好地坚持下去，因为即使你说破嘴皮，也无法改变别人对你的嫉妒。

5

当然，有些人在细节上说你不行，很可能只是眼光和角度不同导致的。

有一个女孩从小学书法、绘画，在她七八岁的时候，有人说她的字要好过画，也有人说她的画要好过字。于是，她很纠结：到底是自己写的字好，还是画的画好呢？

后来，她逐渐明白，其实每个人看问题的眼光和角度不同，如果你太在乎一些声音，搞不好可能闹得连自己培养了多年的基础都会丢掉。

有些人否定你、给你指出问题所在，似乎就会觉得高你一等。所以，我们在做一件事时，身边往往是批评的声

音比赞美的声音多，指责的声音比支持的声音多，否定的声音比肯定的声音多……

如果你在某件事上想要坚持自己的想法，或者遇到了两难的选择，最好不要询问身边的亲朋好友。你可以选择向专业人士咨询，他们往往会从多个角度出发帮你分析问题，然后给出答案。

如果你非要听一听亲朋好友的意见，那你一定要记住这一点：专心倾听他们给出的能帮自己解决问题的答案，屏蔽掉那些批评与否定的声音。

其实，要说提意见，人人都能说出一大堆，但很少有人知道该如何去行动。因此，当他们提出意见时，你一定要多问一句：我该如何做？

6

当一个人越来越明白不用太在乎别人反对的声音时，特别容易变成一个"自私"的人。比如，当父母打着"我是为你好"的名义阻止我们做一些事情时，我们往往会与他们对抗，说自己是独立的个体，理应有自己的选择。

之前，我也很讨厌"我是为你好"这句话，甚至觉得是亲情绑架。后来，我逐渐发现这句话至少还有爱的名义，但我们对于亲人的拒绝不带一点儿情义。假如父母无法理解我们，我们也要试着为他们好，用最温和的方式让他们接受。

不在乎外界的声音，并不是不管不顾，而是拥有了定力——你拥有多大的定力，就拥有多高的境界，也才能在做一件事时不被他人左右。

这种定力不仅仅是指你坚持的定力，还包括当外界出现反对你的声音时，你的态度的定力——当你因为一件事发怒时，你已经不是在掌控事情，而是事情在掌控你。

想从根本上解决问题，不仅仅要依靠方式方法，还包括你的态度。当别人的态度不正确，而我们也持不正确的态度时，事情只会变得越来越糟糕。所以，当外界乱成一片，你要能做到心中有数，才能去解决一个又一个问题。

▷ 让善良成为你最好的保护色

1

当女性权益不断提高，有些女人开始讨厌"贤良淑德""相夫教子"的传统观念，如果有人对此发出反对的声音，他一定会被骂为封建老顽固。不仅如此，"善良"似乎也变成了一个不可理解的词——当很多人开始吹捧功利，"善良"就成了一个被伤害的对象。

有人说，你之所以受到伤害，是因为你善良。因为，伤害坏人的成本高，伤害好人的成本低。事实上，这些人忽略了一点——善良不等于懦弱，不等于等着让坏人来欺负，更不等于傻白甜。这就像男人提倡女人要"贤良淑德"时，不等于女人要放低姿态，更不等于要牺牲自己。

当男人需要女人承担起一部分家庭责任与义务时，女人会说男人是"直男癌"。相反，女人要求男人承担责任与义务时，男人就会是有担当的好男人；女人生气时，男人温顺点就是好男人，与女人起争执就是坏男人；男人怕老婆是爱的表现，女人怕老公就会被认为受了"家暴"……

当越来越多的营销精英顺应人性、不断深挖人们心中的欲望时，就会制造出爆款文章，形成高点击率和高转发量。一篇文章的成功必然引来无数平台模仿，时间久了，这些内容就变成了所谓的"思想"。

可是，这些人并不管这样是否对我们的人生有利、对我们的婚姻有利、对我们的生活有利……当一个人开始利己的时候，人生会无端多出坎坷，婚姻也会出现矛盾，心灵更会受到巨大的伤害……

2

28 岁的齐奇是一名独立女性，有房有车有事业。她是自媒体人，靠运营公众号赚得了人生的第一桶金，并靠着小有所成的事业获得了财富自由。后来，当她的银行存款到了七位数时，她给我打电话说："从此，我再也不需要男人了。"

在今天看来，独身主义似乎是一种很酷的行为。其实，任何一个女人内心里并非真的渴望成为独身主义者，

只不过是因为她曾经在爱情上受过伤。

齐奇的第一个男朋友是她的大学同学，那时他们都很穷，她对男朋友没有过多的物质要求，只是希望他能爱自己。比如，每天给她打饭、打水；当她身体不舒服时，懂得呵护她；她过生日时，为她买一个蛋糕……

齐奇觉得自己想要的并不多，可是那个口口声声说爱她的男朋友，连这些小事都做不到。她对他很失望，就跟他分手了。

后来，齐奇发誓要找一个有钱人做老公——对她来说，只有钱才能给她安全感，至于爱情什么的还是算了吧。但当她真正交了一个有钱的男朋友后，才发现自己活得太累了。

齐奇的第二个男朋友是个富二代，平时经常出去应酬，并且希望齐奇每次出现在他朋友面前都是光鲜亮丽的。于是，齐奇开始学习化妆和穿衣打扮，开始减肥……

在闺密看来，齐奇活成了女神——人越来越漂亮，打扮得越来越好看……可是，只有齐奇知道自己活得很累——她穿高跟鞋时脚有多痛，应酬时笑得有多假，晚上卸妆时有多麻烦。

齐奇觉得这样的生活并不是自己想要的，最终跟富二代男朋友分手了。再后来，她又交了一些不同类型的男朋友，他们之中有画家、程序员等，然而，每一个男朋友都不能让她满意。最终，她决定下半辈子一个人过。

3

那么，对爱情失望后的齐奇活成了什么样子呢？齐奇把自己的心路历程写成了一篇又一篇文章，这最终成就了她的公众号。你看，她在机缘巧合下活成了一个能赚钱养活自己的女人。

齐奇告诉女人，爱情不可靠，男人的钱也不可靠，唯有自己能赚钱才可靠。她是独身主义者，也希望其他女人要认清现实。

齐奇看似活得潇洒，其实是因为她没有安全感，背后也没有一个可以让她依靠的男人。所以，她选择了做独身主义者。

与齐奇相反，我需要一个男人做依靠，所以每次都会被她嘲笑我不够独立。其实，女性独立与需要男人的陪伴不是对立的，而是融合的状态。

独立不是指我们要一个人生活，凡事都自己来，在精神上也不依赖他人。独立的真正含义是指：当我们感到无

奈的时候能否耐得住寂寞，以及遇到苦难的时候能否一个人抗过去。

你看，生活就是这样无奈：每个人都在告诉我们该如何独立，却忽略了活着的真相。

4

回归到"营销欲望"的话题，很多事情就能看得更清楚。比如，现在流行减肥的话题，有些人稍微胖一点儿就会选择节食或者运动，从而忽略了减肥是否会影响健康。假如瘦不下来，他们的心里肯定容易产生挫败感，越来越没自信。

不过，换个角度去思考，如果没有胖与瘦这种对立的审美概念，我们不也活得挺好的吗？肥胖的人当然需要减肥，但大多数人如果不受营销文章的影响，压根就不会想到减肥，不会为此而伤害自己的身体，甚至心灵。

同样，当社会观念不断地告诉女人什么是好男人的时候，她们的目标会一再更改。总之，在女人的眼里，只要一个男人没有达到标准，他就一定不是好男人。最后，她们很容易跟齐奇一样变成独身主义者。

女人越来越清晰地知道自己想要什么，这固然很好，但当她们不断地提高所谓好男人标准的时候，男人也在完善自己对女人的看法。到时候，如果一对情侣或夫妻都想获得对方的爱，而又都期望对方多付出时，相处起来就困难了。

一个人独处时，可以想做什么就做什么；两个人相处时，只有协作模式才能长久。如果女人要找的男人不是帅的、有钱的、会说甜言蜜语的，而是懂得与女人协作的，他们的爱定能长久。这就是婚恋的真相。

5

我经常听到朋友说："我对亲情失望了。""我对友情失望了。"因为，他们发现亲朋好友的嘴脸一点儿也不好看，只要涉及一点点利益就能让他们原形毕露。

其实，如果我们换个角度去听一听亲朋好友的看法，估计这些朋友很快也会沦陷为令人失望的人。

朋友 X，他的身边几乎没有一个"好人"——他的邻居偷过他储存在楼道里的大白菜，他的亲戚借钱不还，他平时讨好的领导一点儿也不给他面子……他觉得这个世界现实极了，于是他也变成了一个非常现实的人。

我和 X 原本关系不错，但因为一件事彻底伤透了我

的心。

有一次，X 因做急性阑尾炎手术住院，我和老公带了水果花篮去医院看他。慰问过后，我以为自己做到了一个朋友应该做的事，谁知道，他出院后四处向身边的朋友说我和老公的不是。

经朋友解释，我才知道 X 的老家有一个习俗：当别人住院时，你去看望要给他包红包。我和老公不了解这个习俗，于是就变成了他口中的"坏人"——他把我们说得很难听，说我们抠门，连个红包都不给。

那时，我突然明白了，不是 X 的身边聚集了太多的"坏人"，而是他看谁都是坏人。他总是以自我为中心，觉得全天下的人都该最懂他、给他最好的利益，这样，你才能成为他口中的"好人"。

从此以后，我对家人、朋友的要求变得越来越少。我很怕自己像 X 一样，因为人家达不到自己的预期就否定对方的人品，匆匆与他绝交，从而失去一个真正关心自己的人。

每个人都有顾及不到之处，也都有累了或者犯懒的时候；我们允许自己可以偶尔犯错，又怎能不允许家人、朋友偶尔犯错呢？当我们期望生命中那些最重要的人包容自己的时候，反过来，我们也要学会包容他们。

现在，只要是我认为的重要的人，对他们付出时，我只问自己是否出自真心。如果是，就去做，至于人家是否感激我、回报我，一点儿都不重要。

6

有人说，我们帮人家做事凭什么不求回报？虽说这话也没错，但时间久了我们会心累，会觉得帮人家做事不再值得。如果对方的人品有问题，我们当然可以拒绝与之交往。但重要的是，我们的心是否会被外界所牵引。

当我们帮助别人不求回报时，这是顺从了自己的本心，至于别人回馈与否，则是外界的反应。一般情况下，我们没法控制他人，但可以控制自己。

比如，你遇见了一个彼此真心相爱的人，愿意为对方付出。但时间久了之后，你会发现自己在两性关系中越来越疲惫，对对方的要求也会越来越多。所以，在一段婚恋关系中，当"我"开始凸显，也就意味着即将结束。

那么，难道我们就该一味地付出不求回报吗？当然不是。

付出与不求回报不是对立的，而是一体两面。我们与

对方如何和平相处？如何给对方反馈？如何让这段关系更加持久？这些都是问题。如果对方愿意与你沟通、一起成长，他就是对的人；如果他不愿意，你就可以"移情别恋"。

所以，只有消除与外界的对立，我们才能减少纠结，让自己活得更加坦然。

最高的智慧看似能消灭欲望，其实只不过是教会我们透过现象看本质，让我们发现自己最本质的需求，发现人性的底色、事物的底色，从而减少自我伤害。

这就像我们所谓的处世规则，有时候只不过是自己的一厢情愿。我们觉得自己做了很多事、付出了很多，却没有任何意义或者效果。于是，新一轮的纠结产生了，痛苦也相伴而来。

有人说，你可以做生活的奴才，但别做心灵的奴才。因此，激发你的善意吧，想做就去做，至于其他的一切顺其自然就好。这不仅仅是在保护你的生活，最重要的是在保护你的心灵。

佛说"学会放下"，最需要放下的是纠结、痛苦。这样，你才能获得自由和幸福。

▷ 在平凡的世界里，找到非凡的乐趣

1

每隔一段时间，我总会产生一种想要旅行的冲动——眼下的日子似乎再也没有了激情，只有通过旅行才能让精神重新焕发。

当"说走就走的旅行"这一观念开始流行，"诗和远方"成为生活的标配时，我们越来越讨厌当下的生活。它普通、死板、毫无激情，但我们因生存需要不得不陷入其中，真不知道有什么办法才能解脱。

小米就有这样的困惑。她是一名文案写作者，每日的工作消耗了她大量的时间和精力。身处繁华都市，她的收入还算不错，是人人羡慕的女精英，可是，她知道自己过得一点儿也不快乐。

文案工作需要小米经常守在电脑前，即使到了周末，

她也要应对突如其来的加班，可以说她完全被工作"绑架"了。她说："我是文案写作者，需要创作的灵感，但我的灵感已枯竭，希望能给自己放个假去散散心。"

希望归希望，不是所有的希望都能实现。小米向老板请假，老板不予批准，为了讨生活，她只能向现实低头。就这样，小米继续在都市的钢筋水泥森林中忙碌着，慢慢的，她对生活的单调重复感到了绝望，她的眼神越来越空洞，精神越来越萎靡。

是的，生活是一次又一次的复制，每一天我们都在单调重复地上下班、与人相处。即使偶尔来一次旅行，回来后依然要面对漫长无趣的"复制生活"。不仅如此，对另一半失去新鲜感以后，我们的婚恋也会变得平淡。

难道平平淡淡才是真正的生活吗？

为了让生活多点儿激情，我们把希望寄托于一次新聚会、一个新朋友、一次新旅行……似乎只有这样，我们才能不断地创造出生活的新鲜感。但不得不承认，无论我们创造出多少新鲜感，生活最终还是会回归平淡。

难道我们的生活真的那么无趣吗？

2

有一个故事给了我很大的启发，一下子改变了我平淡的生活。

法国有一名普通妇女感到生活无趣，并为此苦恼不已。有一天，她去请教著名昆虫学家、《昆虫记》的作者法布尔，与其展开了一段对话。

"教授，我看过您的书。您的工作真伟大，您的思想真有智慧，您有机会研究世界上所有有趣的东西。而我只是一个无聊的家庭主妇，生活里没有什么有意思的事。"

"跟我说说你的生活吧。"

"唉，实在没什么好说的。我每天就是坐在台阶上削土豆，每天要削完4袋子，妹妹就坐在我对面把土豆洗干净。"

"夫人，你有没有想过你坐着的台阶下面是什么呢？"

"是砖头啊。"

"砖头下面呢？"

"是泥土啊。"

"泥土之下还有什么呢？"

"嗯，也许有蚂蚁，它们经常从砖缝里面爬出来。"

"那么，尊敬的夫人，你有没有好奇过，这些蚂蚁是从哪里出来的？它们在干什么？它们是怎样沟通的？它们是怎样生活的？它们是怎么找到你的土豆的？"

听完法布尔的话，这名妇女回家以后就开始观察砖头下面的蚂蚁。为了学到关于蚂蚁的知识，她一边请教法布尔，一边去图书馆查阅资料，开启了研究蚂蚁之旅。

10 年后，这名妇女将自己观察蚂蚁的结果写成了论文，发表在专业杂志上。虽然最终她并没有成为昆虫科研工作者，但这让她原本平淡的生活变得有趣了。

3

我也抱怨过生活的无趣，但我发现抱怨根本解决不了任何问题。一开始，我以为是生活出了问题，后来才发现是自己出了问题。

如同上述故事中的法国妇女一样，我们的眼睛只盯着单调重复的日常生活，却没有发现日常生活中那些有趣的地方：今天泡的茶，细细品味，一定与昨天不同；今天写的文章，与昨天的主题也不同；今天盛开的花，可能比昨天开得更鲜艳……

美国纽约大学教授詹姆斯·卡斯在《有限和无限的游

戏》一书中写道："世界上至少有两种游戏，一种是有限游戏，一种是无限游戏。有限游戏以取胜为目的，无限游戏以延续比赛为目的。"

换新住处、交新朋友、看新书……这种模式是有限游戏。但在每一个模式里到底该如何去做，则是无限游戏。

所以，不是生活出了问题，而是我们自己没有延续无限游戏模式。比如同一件事，如果你秉持不同的对待方式，结果肯定也会不同。所以，一切事情完全在于你自己如何把握。

4

从认识到生活本质的那天起，当我觉得生活枯燥又无法来一场说走就走的旅行时，我就会切入到无限游戏模式，有秩序地讨生活。

有时，我会静静地去品一杯茶，直到品出生活的变化和有趣来。有时，我也会在小区里走走，采几朵花回家，然后把这些花插到不同的瓶子里，让家里整天都充满勃勃生机。

当然，我还会学习上述故事中的法国妇女去观察蚂蚁。在某个阴天即将下雨前，我就蹲在地上看蚂蚁搬家。

通过短暂地切换游戏模式获得的惊喜，其实与一场旅行没什么不同：它们都是在过程中获得能量、快乐，然后找到再次面对生活的勇气。

有一句流行语说："生活不止眼前的苟且。"其实，苟且的是我们麻木的心，它会让原本好好的生活变得平庸不堪。但换个角度去看，生活也是最好的"诗和远方"。

不信，你就来一场说走就走的旅行吧。

第四章

心灵越精致，越有好未来

每个人的心中都有一面镜子，当安静下来时就能照见自己。这就像一桶浊水，只有沉淀下来它才能变清。

▷ 你走过的路，必将照亮未来的每一步

1

当下，许多女人越来越独立，她们渴望有自己的房子、车子，有自己独处的空间。可是，当突然遭遇婚恋失败或者亲人离世等变故时，原本热闹的环境一下子变得安静了。面对这种变化，即使是喜欢独处的女人大概也不会习惯——因为，这时的独处一定不是享受，更多的是如何去适应一个人的生活。

当每天的时间排得很满，你需要从中抽身时，独处确实是一种享受。但当你习惯了两个人的生活或者群居生活，后来因为变故被迫一个人生活时，寂寞空虚冷的感觉则会让你窒息。

朋友溪溪最近失恋了，男朋友从出租屋搬走后，现在她一个人生活。熟悉的出租屋里再也没有了熟悉的人，这让溪溪不免伤心难过，因为即使双方分手了，她也会留恋与对方一起生活过的快乐时光。她越想越难过，痛哭流涕地给闺密挨个打电话寻求陪伴。

几位好姐妹纷纷赶到溪溪家，决定陪伴她一段时间。一连三天，等溪溪下班后，我和其他好友便去她的住处陪她聊天，逗她开心。眼见她的心情有所好转，我们便有了离开的打算。谁知，这时她再一次崩溃了，说："我已走出失恋的阴影，但很害怕一个人待着。"

我已结婚，家有老公需要陪伴；其他好友虽然单身，但总不能陪溪溪找到新男朋友再离开吧？我们陷入困惑中：每个人都有自己的难言之隐，同时又理解溪溪空洞的心灵，但不得不让她面对现实。

有时候，不是朋友狠心，是他们也有自己的生活。他们可以在你遭遇人生低谷时陪伴你一段时间，却无法放弃自己的生活一直陪伴你——就算他们能帮你走出一个又一个低谷，那么最后呢？

2

我对人有依赖，对感情有依赖，我是一个离开男人就活不下去的女人。但这并不表示我不独立，不能一个人独

处。相反，因为写作是一项必须独处才能做的事情，所以，大多数时候我都是一个人待着。

起初，与溪溪一样，我也害怕热闹的环境突然变得清静。但我明白，就算是那个陪伴我的人再爱我也会因出差而离开我，因照顾父母而回老家，因其他事情与我短暂地分离。也就是说，不管我愿不愿意接受，漫长的人生中总会有一些时间段必须一个人度过。

之前，我也会叫朋友来陪伴，还会打电话与朋友聊天，试图转移自己的注意力。但我发现这样做治标不治本，就算我可以立刻投入到另一个热闹的环境中，终究还是要面对那个无法独处的自己。

二十几岁的时候，我谈过几次恋爱，但每一次失恋后无论我怎么作，最终都要习惯自己一个人过。

北方的冬天格外冷，还记得在某个冬天的夜晚，男朋友打来电话跟我说分手。我的眼泪不争气地流了下来，无人知晓，无人心疼。那段时间，我难过得几天几夜都没睡好，有时候会彻夜不眠——即使勉强折腾得睡着了也会从梦中惊醒，然后就一个人哭。

我总以为有了男朋友就有了陪伴，其实是男朋友让我变得更加孤单。

3

结婚以后，我以为自己再也不用承受一个人的时光，却发现有些事情依然无法改变。

在我生病的时候，老公会突然变得工作繁忙而疏于照顾我；甚至他还会与我吵架，让我独自面对冰冷的空气。当然，有一天他也可能会不再爱我，让我再次变成一个人。

如果我们不能把握对方，唯一能把握的就是习惯独处。这就像去到一个陌生的环境后，你需要先熟悉情况——面对陌生的人，你也需要适应对方。

我们会习惯一个人的存在，但也要习惯一个人的离开。练习"习惯"，不是练习将一件事从常态变成非常态，而是练习"转换"能力，并让这种能力成为习惯。

有句话说："未曾哭过长夜的人，不足以语人生。"人的一生很漫长，几乎人人都有哭过长夜的经历。痛哭并不可怕，可怕的是每次一遇到挫折都会痛哭。

无论经历什么事情，无论事情的结果好与坏，我们都要保持一种积极向上的常态。所以，习惯"转换"是一种非常重要的能力。

与其痛哭，不如进步。

4

有一次，我生病了，老公正好要回老家去。走之前，他给我买了一张大饼放在家里，这样我自己煮碗粥就可以算作一餐饭了。

由于身体不舒服，不想起床做饭，所以，我饿了就吃几口饼，就这样靠着一张大饼维持了两天的伙食。老公回来时，我的病好了一些，身体也不那么难受了。

后来，与闺密聊起这两天的经历时，她狠狠地说："我要骂你老公一顿，他明知道你病了，不好好照顾你还回老家去，真没良心！"然后，她又心疼地问："这两天你心里一定很难过吧？"

我笑着摇了摇头，说："你不用骂他，不是他的错。其实，生病时一个人在家没什么不好，这至少让我明白人生有许多事都需要一个人去面对。当然，他回老家了，我也不会难过，因为我知道就算自己难过死，他也没办法回来陪我。我生病已经很难受了，再因他不照顾我而独自生气、痛哭，那才是真的可怜。"

若不是有过这样一次经历，我就不会发现自己可以一个人面对很多事。我在这件事里获得了成长，学会了不抱怨，这对我来说算是好事。

假如可以穿越到 10 年前，我一定会对那个痛哭无数次的自己说："这时你不该痛哭，你该去成长。这样，以后遇到同样的境遇，你才会坦然面对。"

放下别人、放下热闹、放下痛苦……这等于放过了自己。所以，再遇到无人陪伴的情况，你要大胆地告诉自己："没关系，我一个人也可以。"

▷ 谁的成长不孤独

1

歌曲《叶子》中唱道："孤单是一个人的狂欢，狂欢是一群人的孤单。"

不管怎样，一个人就算拥有再强大的心灵，还是会害怕孤单。越是在人群中，孤单的感受就越强烈——与世俗格格不入，不愿意随波逐流，找不到知音……一个人无论

表面上多么光鲜亮丽，背后都会有身心疲惫的时刻。

一个再坚强的女人也需要依靠，当越发感觉到孤独时，她越是喜欢在朋友圈"晒热闹"，营造出一种自己生活得很好的景象。其实，只有她自己知道，所有热闹都是假象，不管在外面笑得有多开心，回到家中依然要面对孤独的自己。

王小雨就是这样，每次回到家中她都会被冰冷的空气逼得近乎发疯。所以，只要待在家中，她就尽量找事做——菜和点心做了一道又一道，地板拖了一遍又一遍，澡洗了一次又一次……

一到周末，王小雨就费尽心思约闺密出去逛街、吃饭。假如某个周末约不到人，她几乎一整天都会做家务。

许多人说王小雨有洁癖，因为每次去她家发现地面总是纤尘不染。可是，只有她自己知道，她不敢让自己闲下来，只有一直处于忙碌的状态中，她才不会害怕独处。

闺密问王小雨："你害怕什么？"

王小雨苦恼地说："我害怕面对自己，只要安静下来，那些不好的回忆以及自己的缺点会全部从脑子里浮现出来。我害怕面对这一切，所以，只有忙碌才能让我忘掉去面对这样不堪的自己。"

听完王小雨的烦恼，闺密认为她得了一种叫作"逃避"的病，并且病得不轻。之前积累的所有矛盾，她没有想办法解决掉，而是选择了用更加忙碌的方式试图掩盖。但到最后，她还是要一个人面对，因为逃避没有用。

有的女人说："我现在这么努力，就是为了到老年时一定不去跳广场舞。"这看似是在拒绝群体，背后想表达的意思实则是：我现在在努力学习独处，到了老年就不用借助广场舞来证明自己的存在。

2

朋友婷婷今年35岁，已经独居了十多年。之前，她交过几个男朋友，换过几种职业，最近决定回老家开一家民宿客栈。

身边的朋友看她在大龄剩女的道路上越走越远，于是劝她好好地找个男人嫁了，说只有这样她才不用一个人去面对人生中的许多事。

婷婷笑而不语，不拒绝也不接受。用她的话说，她早就过了心急找对象的年纪，当然也过了打算单身一辈子的年纪。

做任何生意，起初都不容易。婷婷白天打理客栈，晚

上还要熬夜写宣传文案。身为朋友，我们觉得她一定过得非常苦，甚是心疼她。

半年后，婷婷的客栈开始盈利，熬过最艰难的时间段后，她终于有了自己的生活。闲下来的时候，我问她："你是如何熬过这半年的呢？"

她说："独居十多年，我早已学会面对自己、面对问题。其实，是曾经的孤独帮助了我，让我学会不管遇到任何问题都要勇敢面对。问题越不堪，就越要去解决，解决了，生活才能越来越美好。"

每个人的心中都有一面镜子，当安静下来时就能照见自己。这就像一桶浊水，只有沉淀下来它才能变清。

假如没有那些安静的时光，我们也不会发现自己原来如此不堪。

3

有些人在公共场所总是很吵，比如会大声说话，因为怕对方听不到；有些人越是在集体生活中，就越想找到存在感，似乎只有制造出动静才能证明自己的存在。

可是，你越是担心存在感的问题，就会越没有存在感，因为任何一个人首先会关心自己而非他人。你越想得到别人的关注，别人就越会发现原来你毫无存在感，于是，狂欢成了"一群人的孤单"。

其实，你的存在感不需要别人来证明，只需要得到自己的认同就行了——只有当一个人独处的时候，你才能有这样的机会去体验其中的奥秘。

一个人无法独处的很大原因，是不喜欢没有存在感的自己。比如，你有贪吃贪睡的缺点，你就不会喜欢自己；你不够洒脱，对上一段恋情放不下，你就不会喜欢自己……

不去面对问题，它就永远存在。想要变得强大，就要正视渺小；想要一身优点，就要改掉缺点；想要变得洒脱，就要学会放下……一个人面对自己并不可怕，可怕的是他根本不知道原来孤独能够让自己成长。

享受孤独，是一个在路上不断遇见最好的自己的过程。

4

每个人都有缺点，谁也并不比谁高明多少。有些人之所以活得比较洒脱，也不过是经历过不堪后自我升华了。这是一个人人必走的过程，然而有些人走了很久也没有学会成长。

有些中老年人就特别害怕一个人待着，只要安静下来，他们就会难受。于是，白天他们会找人下棋、聊天，晚上会去跳广场舞，不给自己独处的机会。

这些人经历过苦难年代，曾经为了挣钱养家糊口拼命地工作，似乎没有时间独处。如今，他们年纪大了却要习惯独处，肯定会不知所措。这也是为什么父母总是挂念我们，渴望我们经常打电话问候他们的一个重要原因。

但是，我们还年轻，可以选择热闹来逃避独处，但要逃避一辈子吗？

父母来不及发现孤独，等发现时已经老了，这不是他们的错。但我们不理解他们，用自己不耐烦的态度去应付他们，才是大错特错。

面对晚年的父母，也是我们面对自己的一种经历，一个成长的过程。但愿我们可以从今天做起，从一点一滴做起，因为我们还年轻，一切都来得及。

我们一路经历，一路成长，最终会遇到那个最好的自己。然后，你会会心一笑，轻声说："遇到你，真好。"

▷ 内心越强大，人格越独立

1

人生时时有困境，人生处处有风景。

人生中最悲哀的事莫过于：看到风景的是别人，面对困境的是自己——看别人怎么都是光鲜亮丽的，轮到自己，生活好像充满了陷阱，不是遇到坏人就是事业不顺。最后，你还要学会面对那个脆弱的自己。

《养真集》中说："自古神仙无别法，只生欢喜不生愁。"你看，连神仙也没办法做到无烦恼，要学习"只生欢喜心"，更何况我们是普通人。

其实，我们不应该活成整日羡慕别人的人，而应该活成一个让别人羡慕的人。还要记住，别人羡慕我们与否并不重要，重要的是，别人羡慕的我们应该是最好的自己。

打开朋友圈，看见人人都活得让人羡慕，只要你愿意，

你也可以晒出让人羡慕的照片。但你知道，这些不过是假象——让别人羡慕很容易，让自己羡慕很难，更难的是像神仙一样"只生欢喜不生愁"。

甜甜生性好玩，曾经一个月内换了三个男朋友。我们劝她爱惜点自己，毕竟传出去总归对自己的名声不好。

甜甜自己倒是觉得无所谓，因为她没法忍受孤独。她之所以一个月内换了三个男朋友，就是因为她太粘人而被对方说分手——甜甜害怕一个人待着，渴望有人陪伴，于是，他们一起窝在家里喝红酒、看电影，等她沉沉睡去，男朋友才能离开。当男朋友无法陪伴她的时候，她要求男朋友一直电话在线，只有这样她才能心安。

甜甜本质上不是一个坏女孩，但她的这种做法对任何一个人来说都会受不了。最终，男朋友一个个都离她而去，她则继续交往下一个男朋友。

对于甜甜的闪爱来说，时间久了，"男朋友"这个名词不再有意义。是的，她永远都来不及爱上一个人就已经被分手，但她不会为此心痛。

那么，试问谁不怕孤独呢？人人都怕孤独，但并不是都活成了像甜甜这样"放纵"的状态。

2

霍金在《大设计》一书中用金鱼来形容我们对于世界的认知：每个人都像一条金鱼，透过弧形的鱼缸看到了一个变形的世界。这个世界虽然扭曲，但这就是我们眼中的世界。

而我们对于世界的认知都来自内心的判断，这基于自己的经验，基于自己的感受。比如，一件事本身并没有什么问题，但因为我们自己出了问题，所以面对它的方式也会发生不同的变化。

电视剧《北京女子图鉴》中，追求陈可的男人有两个，一个是正在创业的公司老板，一个是北京的公务员。

那段时间，陈可生病了，她本想好好休息一下，这时房东因家中有事想要收回房子。为了让她尽快搬走，房东便提出免除她一个月的房租。没办法，她只能一个人带病搬家。

陈可倾慕那个正在创业的老板，于是打电话向他求助。但对方告诉她，此时他正在外地，几天后才能赶回来。于是，陈可只能靠自己了。当她把一个个打包好的箱子刚码放好时，装衣服的箱子坏掉了，所有衣服全部掉了

出来。她再也没有力气挣扎，委屈得哭了。

然后，陈可还要一个人去医院打点滴。她手举输液瓶上厕所时，因解不开扣子求助过一位大妈。当她好不容易解开扣子，却要面临上厕所排队的问题。

什么事情她都要一个人去做，无人帮助，无人心疼。最后，她躺在地上哭着独白道："是的，那时的我觉得这一切都像是一场噩梦，直到很久以后我才意识到，不是请不起搬家公司，也不是没有人陪我去医院，但那一刹那我潜意识里选择了孤独。因为面对选择，这可耻的孤独会帮我找到答案。"

因为孤独，所以会痛苦、会迷茫，但过后终究会成长。

3

在《自卑与超越》一书中，作者阿德勒研究了许多患有遗尿症的孩子，最终发现不是他们的身体有缺陷，而是因为受到了外界的刺激，并且他们还是主观上不想去克服这种外界的因素。

当孩子发现自己有足够的借口去尿床时，他们可以通过尿床达到很多目的——那就是引起别人的注意，让别人时刻以自己为焦点，指使别人去做事。

其他心理学家也发现，孩子之所以喜欢做出许多过分的事，比如打架、上课大声讲话等，是为了引起家长或老师的注意，好证明他们需要更多的爱、更多的关注。

所以，在《北京女子图鉴》中，陈可选择了孤独的方式，最后确实证明了到底有没有人爱她。而我们也在用孤独的借口寻找着自己内心渴望的爱与关注，这就是人性。

也就是说，当一个人感到孤独时，就越会在乎自己是否孤独，然后就越会觉得自己很可怜。我们似乎只有证明自己很可怜才能得到他人的同情，然后"指使"他人做出更多善待、帮助自己的事。

说到底，我们不是天生无法面对孤独，而是不愿意放下孤独。

4

有的人也看到了孤独带来的好处，比如可以得到自我成长的机会。

阿德勒在《被讨厌的勇气》一书里说："人并不是住在客观的世界，而是住在自己营造的主观世界里。你所看到的世界，不同于我所看到的世界，而且恐怕是不能与任何人共有的世界。"

　　同一件事，选择不同，结果也会不同。至于你想做一个强大的人，还是做一个弱小的人，或是专家、学者、教授，全凭自己，并非外界所能左右。

　　当你弱小时，无形中就会放大孤独；当你决定面对它时，它便自动与你和解。其实，你面对的并不是孤独本身，而是那个可能会得不到更多的爱与关注的自己。

　　换个角度来讲，因为强大，所以我们才能心生欢喜；因为欢喜，所以我们才能得到更多的快乐。当我们的一切快乐是源于自己，而不是因为获得了别人的爱和关注时，我们才算是找到了幸福的真谛。

　　夏洛蒂·勃朗特在《简·爱》中说："我越是孤独，越是没有朋友；越是没有支持，我就得越尊重我自己。"你只有尊重自己，最终才能获得别人的尊重。你不尊重自己，一辈子只能做那个渴望得到爱和关注的可怜鬼。

　　无论什么时候，我们都要勇敢地面对生命中最大的敌人——自己。只有这样，我们才能算得上真正的独立。

▷ 做一个有手艺的女子

1

其实，并不是所有人都无法对抗孤独，有些人一个人也可以活得很好。比如，有些女人的生活被读书、看电影、做蛋糕等兴趣爱好填充得满满的，没有最潇洒，只有更潇洒。

一个人独处，没有外人来打扰，可以想做什么就做什么。这样独处的时光，对于一些人来说像活在地狱，但对于另一些人来说则像活在天堂。同样是独处，因为选择不同，人生的境遇也会不同。

2

辣子就是一个喜欢独处的姑娘，每当一个人待着的时候，她可以组团彻夜打游戏，在虚拟世界里大战三百回合；

也可以整个周末窝在家里看美剧，还可以通宵用手机看网文。

辣子说："我喜欢一个人的时光，无人打扰，可以尽情地释放自己。"

因为喜欢独处，一切活动又在家中进行，辣子成了一名宅女——她总觉得出门是一件浪费时间的事。而对于与朋友见面，她说："现在网络如此发达，视频聊天就挺好的，何必拘泥于见面呢？"

辣子沉浸在自己的世界中，一开始并没有发现什么问题。三年后，她突然觉得自己与社会严重脱节了。

为了争取更多在家的时间，辣子从来不加班、不约朋友聚会，慢慢的，长期不见面的朋友正在远离或者已经远离了她；因为天天打游戏、追剧，她错过了很多新鲜事物，等她反应过来时，她已经与这个世界有了差距。

一个人无法忍受孤独是一种病，过于沉迷于自己的世界中也是一种病。

这样的人看似忙碌，一个人享受着独处的时光，却把大量时间和精力消耗在无意义的事情上了。当下，有不少人沉迷于手机的世界，随时随地都在玩手机，不知不觉一天就过去了。

当我们把业余时间都交给手机，几乎就不能再专心去做其他事了，比如培养兴趣爱好。有时，即使我们也在读书，但每隔一段时间就会看一下手机，好像不看手机就会被世界遗忘似的。

3

我们害怕一个人待着，害怕面对冰冷的空气。如果说在人群中寻找爱自己、关注自己的人是逃避孤独的一种方式，那么玩手机不也是吗？假如拿走你的手机，你能一个人在家里待一天吗？

其实，那个动不动就低头玩手机的自己一点儿也不可爱，更算不上有一个精致的灵魂。

与辣子相反，小简是一个灵魂精致的女人。晴天，她会在自家院子里赏花、看蝴蝶起舞；下小雨时，她会打着伞去公园中散步；黄昏，她会靠在摇椅上读书；夜晚，她会焚香喝茶。

小简喜欢质朴的粗布衣、粗布鞋，她便学习服装设计，手工制作衣服给自己穿。此外，她还会静下心来学篆刻，用刻刀一点点地雕刻出一个又一个篆体文字。她觉得，只有这样才算是有灵魂地活着。

时光不仅增长了小简的手艺，似乎也温润了她的脸庞。自从深情地与世界"交心"以后，她的气质比之前有了很大的提升，她的眼神也更加坚定了，嘴角常常挂着微笑。

此外，小简远离了热闹的通讯工具和社交软件。

我问她："你是如何做到让自己静下来不看手机的？"

小简说："玩手机是一种乐趣，做喜欢的事也是一种乐趣，两者没有什么不同。唯一不同的是，前者是在时间中消耗，后者是在时间中增长。于是，我放下手机，选择了让自己增长的方式。

"当你在做自己喜欢的事情却又忍不住想玩手机时，最好的办法就是把手机丢远。比如，你可以把它放到另一个房间某个抽屉的某个盒子里，然后锁上抽屉，锁上门。这样，当你想要玩手机时，你需要先打开门，然后打开抽屉，接着打开盒子，这种程序会让你觉得很麻烦。程序越是麻烦，你越能减少玩手机的欲望。"

我听完后恍然大悟，好像得到了一个秘密法宝。

4

对我来说，其实我真正感兴趣的并不是什么秘密法宝，而是小简所说的提升自己的做法。

这让我突然明白，为什么有的人成了斜杠青年，有的人则在"假装很努力"。在一件自己喜欢的事情上不断用心去打磨，时间久了，可不就是多了一条斜杠吗？小简学会了服装设计、篆刻，俨然已经多了两条斜杠。

我们总是渴望成功，渴望成为一个优秀的人，但那也要给自己一个成功的机会。所以，我们看似无意地消磨掉了时间，其实消磨掉的还有其他种种可能。

一个人的时候，我们一定要发展自己的兴趣爱好，把它们变成"手艺"并长久地坚持下去。这样的话，一来可以打发时间，让自己静下心来；二来可以提升自己，成就未来。

我们总是抱怨时间不够用，那么，时间真的不够用吗？

其实，不是时间不够用，而是我们不敢直面自己，把时间放到"如何处理孤独"上。与其这样，不如放下手机，锻炼自己的手艺。因为，精湛的手艺能变成你的另一个"手机"。

当手艺离你最近时，你才离自己的心最近，也离成功最近。

▷ 所有的"晚安"，都是为了更好地醒来

1

不知道你有没有发现一个现象，人们越来越不爱睡觉了。换句话说，人们睡得越来越晚了。

身处繁华都市，总有一种躁动的气场让我们在深夜里变得兴奋。下班后，时间终于回归自己，我们当然更愿意享受这段自由的时光。

《时间简史》中讲到有一头被饲养的小牛，从一出生，它就只能生活在有限的空间里，一辈子也没有见过草原，更没有自由。它一生中走得最长的路，就是去屠宰场的那段路。

许多人觉得，与草原上的野牛相比，这头被饲养的小牛是可怜的，它短暂的一生就这样被毁了。然而，没有见过草原的小牛，是无法想象出草原的。事实上，它与草原上的小牛本质上没什么不同，只不过它是活在有限的空间和眼界里。

我们白天工作，就如同活在牢笼中的小牛；下班后，我们又如同活在草原上的小牛。为了见到草原上更多的风景，我们不断地延长待在草原上的时间，这就是现实。

当一个人变成一张紧绷的弓，他的心灵就会变成一支蓄势待发的箭，如果不能适时地收手，人生很容易崩塌。

2

小毛是一个很努力的姑娘，大学毕业一年后，她报了在职研究生考试。业余时间，她给一些公众号平台写关于时间管理的文章挣稿费；周末的时候，她还会跟驴友来一场说走就走的短途旅行。

小毛说，写作和考研太过于静心，她必须给自己一个"健身"的机会。与其去公园跑步，不如用穷游的时间锻炼身体，顺便见识一下各种风景。

两天的穷游消耗掉小毛不少的时间，于是，工作日的时间她只能加紧学习和写文章。有时，她忙到深夜都不肯睡去，半夜醒来我总能看到她发的朋友圈。

晚上睡得晚，早上必然醒得晚。每次睡到日晒三竿，

小毛心里就觉得自己辜负了时间。为了改掉晚起的毛病，她又加入了早起打卡群。

小毛说："这种做法叫作反脆弱，即越困的时候，越应该用激烈的方式让自己重新回到好的状态。"所以，不管有多困，只要睁开眼睛，她就会喝咖啡、运动，让自己的精神得到恢复。

反脆弱是当下一种流行做法，是否有效我不知道，也不敢轻易去尝试。但我知道，一个人长时间把自己挂在箭弦上，总有一天箭会射出去。

果不其然，一年后小毛去医院体检，发现自己的心脑血管出了问题。医生建议她停下来休息三个月，可是她马上就要考试了，不能在最后一刻放弃；她刚刚签约了一家网络平台，每个月也要持续供稿，不能立刻终止合同。

小毛陷入了沉思，最终她还是决定：等熬过这次的难关再停下来休息。

3

生活中，像小毛一样的姑娘并不少见，她们踏实、努力、不服输、渴望改变自己，为了让自己变得越来越好，可以吃得世间一切苦。

现在，越来越多的人把"努力"二字变成人生标配，越来越多的文章告诉我们应该如何努力。比如，即使身体出现问题，还有"反脆弱"的应对之法。于是，许多人听不到身体释放出的危险信号，硬生生地把自己活成了机器。

可我们都是血肉之躯，长时间处于高强度的工作状态，身体的各种机能就会衰退。人生不是仅仅靠强大的心灵在活着，还需要一个强大的躯体——没它，一切也就没了。

其实，还有许多人不似小毛一样努力，但也不愿意早早睡去。比如，那些生完孩子的年轻妈妈，当夜晚来临，看到宝宝和老公早已睡下，便想再享受一会儿属于自己的时光——即使没事做，她们也要玩手机，因为总觉得这样才不算白白度过一天。慢慢的，她们都变成了夜猫子。

舍不得睡去，是当今许多年轻人的通病。

4

"亚健康"是一个很少有人再提及的词语，因为当很多人都处于亚健康状态时，它似乎就变成了健康状态。

一个人长期吃辣，便品不出来蔬菜的真味；一个人长期使用 GPS 导航，就会失去辨别方向的能力；一个人长期睡眠不足，身体就会失去敏感性，变得麻木……

一些特性，我们本身没有，就以为别人也没有。因为，我们活在自己的认知和经验中，但世界并不会按照我们的意志而存在。

仙仙是一个舍不得早睡的女孩，因为她是富二代，夜生活足够丰富。当我们沉沉睡去后，她的夜生活才刚刚开始——三里屯是她经常去的地方，她常常会在酒吧里嗨一整夜。有时，朋友也去仙仙的别墅做客，把她几百平方米的家当成酒吧，彻夜灯火通明，品酒划拳。

仙仙可以白天睡觉，晚上彻夜不眠。为此，她做了一次又一次拉皮，但美容师可以拉掉她破损的皮肤，却拉不掉她眼中的疲倦。慢慢的，她的眼神变得空洞起来，甚至常常感觉呼吸不畅。

有一次，仙仙去看中医，医生对她说："你该好好休息了，不然身体会出大问题。"她也怕早死，决定听从医生的话，吃中药把颠倒的生活纠正过来。

一下子改变作息时间很难，每天到了晚上，仙仙就习惯性地精神百倍，全身似乎充满了力气等待释放。中药疗效越起作用，她就越感觉自己有精神。

仙仙很痛苦，最终决定在医生的建议下靠吃安眠药入眠。但慢慢的，一片安眠药也无法医治她的失眠症，她为此苦恼不已。

仙仙这才知道，原来自己想要安然入睡竟是如此困难。她开始四处求医，只为能在夜晚睡个好觉。

5

有些人不是不愿早睡，而是被失眠症所困扰。造成他们失眠的重要原因便是长期晚睡，让生物钟紊乱了，想要一下子改掉很难。我的身边有许多失眠症患者，他们四处求医只想到了晚上能好好睡上一觉。

不得不承认，曾经我也是一个失眠症患者，深知失眠给自己带来的痛苦。为此，我也四处寻找良方，从按摩、静坐到自我催眠，再到僵持疗法，我无一不试。最终我发现，只要你自己真心想睡觉，慢慢的，睡眠就能得到改善。

失眠症患者到了晚上会异常兴奋，然而大脑却不断地告诉你必须睡觉——这种对抗的情绪，会让你的身体和大脑都变得紧张起来。

因为，你总是担心自己睡不着该怎么办？可越是这样想，大脑便越兴奋。然后，你开始逐一尝试自学的催眠方法，结果越试越精神……所以，你唯有接受自己失眠的事实，然后再慢慢调整自己进入睡眠。

其实，你可以平心静气地对自己说："今晚我又睡不着了，这没什么。"先让身心放松下来，你才能不再兴奋。也就是说，当你不再为失眠这件事感到紧张而是放松心态后，渐渐地就能安然入睡。

我们所有的努力都是为了更好地生活，但有些努力会让我们的生活越来越糟。不管我们拥有再多的金钱、表面多么光鲜亮丽，终究无法抑制心理疾病。

想要好好睡觉，当然可以靠药物来维持，但这终究不是长久之计。因此，你必须下强大的决心去修正自己的睡眠状态，最终才能与自己的身体和解。

不要再用拖延时间的方式去珍惜另一段时间，这样你会浪费更多的时间。无论身体生病还是出现亚健康，都会让我们从某种意义上失去幸福的能力。所以，与其透支身体挣钱和享乐，不如保养自己。

所有的"晚安"都是为了在第二天早晨更好地醒来，但不是所有的"醒着"都是在珍惜时间。最幸福的事，莫过于每个晚上都能轻松地对自己说一声：晚安！

第五章

生活越精致，越有好日子

不是生活不美好，而是只有改变那个不美好的自己，生活才能变得越来越美好。

▷ **那些读书的女子，把日子过成了诗**

1

近些年，"读书无用论"甚嚣尘上，当然，"读书成功论"始终是主流观点。其实，身为女人想要变得更有修养，也就是"灵魂有香气"，读书是必做的功课之一。

不过，当人们越来越现实后，连读书这件事也变得越来越功利。假如一本书不能变成自己手里的工具，大多数人是不愿意去读的。

朋友圈里，越来越多的人在晒情商、时间管理、写作等提升个人技能或素质的书，这当然没什么不好。但你想过没有，读书能让我们做到事业和人际交往上的提升，那又用什么来提升我们的生活呢？

对于生活品质的提升，女人会寄希望于婚姻和奢侈品。她们以为有了一段美好的婚姻，生活便稳定了；有了名牌包包、高档服装，光鲜亮丽的人生便也有了。为了婚姻和物质，她们吃尽一切苦头，像一个男人一样去战斗。

可是，亲爱的姑娘们，婚姻和物质装饰得了你的身体、事业，但终究装饰不了你的灵魂。没有充盈的灵魂，即使你带着全身名牌的身体去远方，依然没办法过上诗意的生活。所以，读书不仅仅是为了让自己更"值钱"，还是为了让自己更加懂得如何更好地去生活。

拉拉是一个物质女孩，大学毕业不到两年，没有多少积蓄，但这丝毫无法抵挡她对于物质的向往。她的手机上安装了不少关于美妆、服装搭配的APP，而且为了实现"APP里的人生"，她总能在网上找到同款。她也懂得女人要给予自己精品，可她就是忍不住款式的诱惑，买回来一大堆地摊货。

为了挣更多的钱，拉拉很努力——熬夜加班、读专业书提升能力。有一次，某图书网站打折，她一次性购买了几百元的专业书籍。

图书到货后，拉拉拿着单子一一清点，这才发现无意中自己买了一本一直想看却舍不得买的书。这倒不是因为这本书很贵，而是她觉得时间有限，只能用来读有用的书——至于陶冶情操的书，应该在自己有钱以后再去读。

现在，既然图书已经到手，她还是忍不住读了起来。

庆山在《得未曾有》一书中说："现在的时代物质消耗过度，但人们在欲望中得不到真正的安稳。比如，手机不断提高技术，更新换代，导致许多人的手机根本没有用坏，但心甘情愿跟着潮流消耗着金钱。拥有一个更新款、更先进、更奢侈、更好玩的东西，仿佛可以带来愉悦和成功的感受，即便这种感受转瞬即逝。"

这段话仿佛一下子戳中拉拉的心脏，让她想到了自己的不良行为。她买了许多喜欢却不一定会穿的衣服，享受着物质带来的愉悦感受，但这种感受并不能维持多久，她的钱却跟着潮流被无端消耗没了。

这段简单的话给拉拉带来了深刻的反思，之后，虽然她还是会买新款衣服，但比之前克制了很多。

这时候，拉拉读生活随笔上了瘾，接着又购买了一些有关这方面的书回来。每周她可能只翻看几十页，但对于她来讲，生活已经发生了很大的变化。她越来越注重生活和心灵之间的距离，将两者一点点地拉近，试图找到享受生活的最佳方式。

如今，拉拉是一个很有品位、很懂生活的女子。可能她的服装依然价格低廉、包包依然不够大牌，但她的眼里多了一丝淡定与从容。她不再被物质和潮流牵着走，而是更加懂得哪些是生活真正的需求。

2

一个女人想过得越来越好时，就会很在意外界评价她的声音——她一直用别人的话语来校正自己。她会在意别人的评价，比如，在意自己是否漂亮、是否有气质、是否有品位……

一个在意外界声音的女人，可能是一个精致的女人；但一个舍得花时间去装饰心灵和生活的女人，才算是真正富有的女人。

读书是一件很有诗意的事，想起来就十分美好。比如，一个夏日炎炎的午后，你坐在咖啡馆里边喝咖啡边读书，不时看向人来人往的人群，不时低头沉思，这真是一幅绝美的画卷。

因为读书有了诗意，许多女人便向往起读书生活。不管读书是否有用，是否可以从中学到知识，只要享受了，她们便拍照发朋友圈，算是完成了一本书的阅读。

其实，书是知识的载体，读书本身并不是诗，而是书里的内容改变了我们的认知，让我们的生活有了诗意。我

们透过书中的知识发现了自己心灵深处的需求，理解了更加多元化的生活。

家长投资子女，通常喜欢在技能上下功夫——今天学英文、明天学奥数，应付考试外的课业，还有就是帮助孩子在未来找到一份好工作。要知道，技能容易学，只需付出时间和精力即可。比如，每天逼着一个成年人学习钢琴，他虽然不一定能成为大师，估计也能考过十级。

我们一直在学习有用的知识，但家长和老师忽略了我们人生观、价值观的养成——我们该如何丰富心灵、自我成长，如何应对外界与内心的冲突……这些事情从来没人教育我们。

没有价值体系作为支撑，我们的生活永远会充满困境。因为，欲望会牵动我们的心灵不断地去追寻，让我们以为满足了各种欲望才是好生活。之后，我们却发现这些追寻还不够"生活"，于是就渴望"诗和远方"。

3

在别人看来，雅婷是一个奇怪的女子。

雅婷是一名25岁的北漂，做着一份不错的工作。与那些跟别人合租地下室的女子不同，她自己租了一居室，只是住得比较偏远，每天上下班会花 3 个小时在路上。别人劝她租房离公司近一点，她却笑笑说："没钱。"

"可以合租啊！"别人建议道。

雅婷说："路上时间虽然长一点，但可以用来听书、背单词。与人合租，晚上和周末的生活都会被打扰，所以我不愿意。"

虽然住的是租来的房子，雅婷也做了一些简单的装饰。她在屋子里铺了地毯和榻榻米，还在阳台上养了多肉植物和树本科的花。不管哪个季节，总能看到她书桌上的花瓶中插着鲜花。

周末时，雅婷一般不怎么出门，而是会窝在家里读书、修剪花枝；有时她也学习做烘焙，犒劳自己的胃。

每次去雅婷那里，朋友都会发现她的住处又变了样，地毯换了、窗帘换了，有时连沙发和凳子也变了样。

朋友问："这不是自己的家，你花这些钱不心疼吗？"

雅婷说："虽然家不是自己的，可生活却是自己的。而且，我布置这个小家，并不仅仅是为了让自己更舒适，而是看了家装的书，想用最廉价的方式把这些知识实践出来。等将来我工作不顺心了，说不定就辞职去做一名自由家装设计师。"

雅婷懂得养花，懂得家装，还懂得手工制作……她一边通过读书学习知识，一边丰富着自己的生活。那些书籍，让她学会了一朵花怎样插到瓶子里更好看、一块木头怎样变成木勺、一块茶巾怎样手工绣制……

我们都希望自己的生活变得美好起来，但从来不愿意真正地去学习该如何生活。要知道，高品质的生活一定离不开学习，更离不开读书。

4

木心说："没有审美力是绝症，知识也解救不了。"那么，什么才是真正的审美力呢？

其实，审美力并不是特指懂得欣赏一幅画、会搭配服装等，它特指一个人的心性教养和不依靠社交来获得快乐的能力。

你可以穿廉价的衣服，但穿得干净、平整一样能活得坦然；你可以不买鲜花绿植，从路边采一朵野花插到家中的花瓶里也是一种生活情趣；你可以读有深度的网文，但简单地读一本关于心灵的书也是一种修养……

审美不是讨好别人，而是哄自己开心。在哄自己的过程中，你获得了丰富的能量，而不是无端地消耗自己，这样，生活才能一天天地丰盈起来。

读书有什么用？喝茶有什么用？插花有什么用？

很多时候，人生不是拿来用的，而是用来生活的。但我们到底该如何生活，一定离不开不断地读书，离不开学习，只有这样，我们的力量才能越来越强大，日子才能越来越有诗意。

▷ 钱和花，可兼得

1

朋友圈里有一位女子说："我把大部分时间都浪费了，可是我喜欢这样的浪费。"

是的，一个漂亮、多金、读书、喝茶的女子，即使浪费时间也是美好的。如她所说，她喜欢浪费时间，把时间花在一些无用的事情上。

说实话，哪个女子不想过自由浪漫的生活呢？只不过，

作为家境普通的女子没有这般好命，只能整日打拼。

很多人的大脑一停下来就会幻想未来要怎样，而停止幻想以后，依然继续过着乏味的生活。现实和诗意，有时总是不相容——想过现实的生活，就要接受枯燥与乏味；想过诗意的人生，就要在物质上有所牺牲。而那些整日滋养自己的女子，她们吃吃喝喝、游山玩水，真是羡煞旁人。

可是没人知道，为了生计，在无数个黑夜里，她们是怎样绞尽脑汁消耗掉最后一丝气力，顶着黑眼圈把自己做的文案交到客户手里，然后才过起了诗意的人生。

2

小Q是一名自由插画师，也是一个踏遍千山万水的旅行达人。

在微博上，小Q除了晒插画作品外，还晒曾经去过的地方。每到一处，她就会拍照留念，分享给自己的粉丝。她去过埃及、法国、泰国、土耳其等国家，留下了不少美好的回忆。

微博上，曾有一位网友给小Q留言："你真虚伪，整日把光鲜的一面晒出来博取眼球，为什么不晒出你熬夜加班画画的照片呢？你知道有多少人，因为模仿你光鲜的一面而放弃了当下的生活吗？"

来一场说走就走的旅行是一种很酷的行为，同时也是某种程度上的不负责任。

小 Q 喜欢旅行，也会停下来享受插画创作的过程。对于她来说，画画是工作，旅行也是工作，因为她要通过旅行见到更多的风景，获得更多的灵感运用于创作中。

于是，小 Q 回复这位网友说："光鲜的生活和现实并不冲突，不能因为你将两者生生切断，就认为别人的人生跟你一样非黑即白。"

没错，小 Q 的生活并不光鲜，有时候为了完成画稿，她甚至三天两夜不睡觉。但是，每完成一部作品，她一定会奖励自己一顿大餐，或者来一次短途旅行。而当完成一部绘本插图时，她更会奖励自己来一次国外旅行。

在绘本里，小 Q 用花朵来比喻这种奖励："每个人都该给自己的现实生活设置一个基本目标，等做到目标后就要考虑送自己一朵花，用这朵花去滋养自己的生活。"

人的欲望是无穷的，住进大房子以后，还想住更大的别墅；有了 10 万元的车子后，还想换一辆 20 万元的车子；有了 LV 后，还想要 CPB 全套系列化妆品……

这些物质可能会带给你更多的享受，但每一个感动你

的瞬间，往往与物质无关。这种感动，可能来自一次亲切的问候、一个大大的拥抱、一个观赏花开的时刻……

林曦在《花与童》一书中说："人在解决完一些基本需求之后，应该尽量地减少'一定要'和'不得不'的比例，因为这两个东西会产生'压力'，而压力是比任何毒药都可怕的身心健康危害物。"

其实，我们的生活没这么多"一定要"和"不得不"。

所谓"不得不"，有时候并不是自己内心真正的需求，只是他人告诉我们的需求。比如，换更大的房子，才有面子；买更多的保险，老了才有保障；子女读更好的国际学校，未来才更有出息……

李笑来在《通往财富自由之路》一书中说："所谓的个人财富自由，指的就是某个人再也用不着为了满足生活必需而出售自己的时间了。"

欲望无止境，世间一切没有最好，只有更好。所谓人比人，气死人，我们不能为了把别人气死，最后失去自己想要的生活。

3

有些人一无所有，但当下正值最好的青春年华，也就是处于奋斗的最佳时刻，这时理应把时间放到努力上。也有许多人其实已经过上了小康生活，有房子、车子和一份不错的工作，这时就该为自己设定一个更高的目标，然后去过自己想要的人生。

没有钱，人生会充满坎坷与痛苦；没有精致，人生也不会绚丽多彩。所以，如果一个人只想着挣钱赚钱，最终只会让自己的人生多一份缺憾、少一份完美。

可可是一名美甲师，整日在一家购物商场的专业店里与客人的指甲"较劲"。工作一天下来，她的身体很疲惫，时间一长，腰椎和脊椎也出了问题。店里人流大，做美甲收入颇丰，但考虑到身体的原因，她还是果断辞职了。

可可想去影楼工作，于是开始学习新娘化妆，这样就可以一边做美甲，一边做新娘化妆。

新娘结婚，有时要跟装，这样可可便能整天走动，让身体不再出更大的问题。只不过，跟装并非一件轻松的事，每次要清晨 5 点甚至更早起床去新娘家里化妆，之后一整天要陪着新娘换衣服、换发型……为此，她感到很累，有时回到家一动都不想动。

可可窝在沙发里想：把自己搞得这么身心疲惫，到底为了什么？为了攒钱买漂亮的衣服、买一辆更好的车子

吗？可再细细一想，人生不就是如此，谁又能顿悟其中的真谛呢？

当越来越多的人生活得越来越好时，我们很难不因此而焦虑。

某一个休息日的下午，可可窝在家里看电视剧，它讲述的是二十世纪八九十年代大杂院里的故事。女主角是一名寡妇，带着三个孩子和婆婆在一起生活。因为家里穷，她每天为了让全家吃饱肚子而发愁。日子愁归愁，但每次挣钱买到一小袋玉米面，吃上一顿白面馒头，她总能笑得像花一样灿烂。

可可不由得感叹：填不饱肚子时，人们都能好好地活着。现在不缺吃、不缺穿，人们不见得比那时候活得好，还不是一样为生活发愁！

愁是焦虑的本质，不管一个人拥有多少物质，这种本质依旧会存在。其实，"好"没有一个标准，与其追求"好"，不如现在过得好。

为了让生活过得更好一点儿，可可减少了三分之一的工作量，把时间花到了"如何好"上。她要用那三分之一的时间，去实现未来才能实现的理想。

4

很多女人抱怨自己的生活不够精彩，可是一旦闲下来，她们又都把时间留给了手机。这些人不是没有时间，而是没有心情去装点自己的生活。

花钱又消耗时间的事，人们一想到就觉得累，这已成为大多数女人不愿意"生活"的借口了。大家都慨叹：生活已经那么累了，还要去读书、去旅行，还是算了吧。但是，只要闲下来，当看到别人在读书、在旅行时，她们又会幻想自己也要过这样的生活。

人不止工作时会犯懒，其实任何时候都会犯懒。很多女人算是"思想的巨人，行动的矮子"，即使她们想要过最美好的生活，依然不愿意为此花更多的时间和精力。

我老公喜欢喝茶，却不愿意自己泡茶。如果一道茶需要自己去泡，他宁可不喝。你看，他就是这样懒，谁也救不了他。所以，不要羡慕那些把生活过成诗的女子，有时候也要想想自己能不能勤快起来。反过来讲，一个明确了自己想要什么便立刻去行动的女人，她肯定会拥有美好的生活。

钱和精致并不冲突，因为它们都代表着你的行动力。

当你能把日子打理得像花一样时，你便能从中体会到挣钱的法门。

你不应该去羡慕别人的人生，而应该活得让别人羡慕。想去旅行，就放下无效社交，说走就走；想读一本书，就放下手机，专心去读；想把家里插满花，就放下正在追的电视剧，去花市把鲜花买回家。也就是说，只有先放下一些杂七杂八的事情，我们才能轻装旅行、拿起书本、收获满屋花香……

不是生活不美好，而是只有改变那个不美好的自己，生活才能变得越来越美好。

▷ 每一天，只向更好的自己低头

1

每个人都想做最好的自己，但有时候因为对自己期望过高，我们更容易对现在的自己失望。在这个凡事求快的时代里，如果自己慢了一点儿，我们就会烦躁，怎么也无法静下心来。

但是，想要做好一件事，需要几个月甚至数年的沉淀，这是千百年来不变的规律。对于我们而言，因为消耗不起时间，或者不知道要消耗很长的时间，许多事很容易产生快马加鞭的节奏，以致做任何事都会浅尝辄止。

"努力到无能为力，拼搏到感动自己。"这是一句广为传诵的励志话。那么，我们真的努力到无能为力了吗？真的拼搏到感动自己了吗？

偶尔的几次努力，也许我们确实做到了无能为力；偶尔的几次拼搏，也许我们确实做到了感动自己。但人生是一场持久战，我们要持续地做到无能为力、做到感动自己，最终才能成功。

生活就是做一件又一件的事，甚至重复做那么几件事。比如上班、交友、洗衣服、做饭、读书、看电影……

人与人之间，生活的本质没有什么不同。虽然大家在工作性质上可能不一样，但最终它都只是人生中的一件事。

做事并不难，难的是用一种好的心态不厌其烦地去做。

某天，我看到一个朋友的 QQ 签名："你不厌其烦的

地方，就是你的天分所在。"是呀，在众多的事情中，对于某些事，我们为什么就是做不到不厌其烦呢？

小白菜是一个很懒的人，只要一件事不把她逼到没办法再拖下去，她坚决不肯主动去做。

小时候，小白菜从来没有做过家务，因为妈妈一直很疼她，把她捧成了骄傲的公主。长大后，生活里的种种家务，在她看来就是浪费时间，她希望把更多的时间放到工作上，让自己的未来变得越来越好。

她说："我不会做家务没关系，等将来挣了钱我可以雇保姆。如果我不能挣钱，我的生活会一如既往地糟糕。所以，我的时间只能留给工作。"

每个人都有不愿意面对的事，有些是生活上的，有些是心理上的。可是，我们必须明白，有些事情越是逃避，它们就越像强大的敌人一样不时地扑向我们，甚至终生与我们"作战"。比如，有些人活了一辈子，到了老年依然会有难以释怀的事情——他们越是无法释怀，这些事情就越会深深地伤害自己。

生活也是如此。当一个人不愿意面对生活时，生活便会像魔鬼一样紧紧地抓着他不放，让他每一刻都不得安宁。

2

才女张充和说："我练字不是消遣，正如唱曲一般，是用全力的。练字……可以医我的性急之症。我什么都急，一到写字便沉住了气。"所以，面对性急之症，找到方法去治疗，这样才能放过自己。

活得精致的女人，有时候与普通人并没什么不同——她们也不是天生就活得精致，而是当普通人选择逃避一些事情时，她们选择了面对。

我们终此一生不断地努力，有时候不是为了成功，而是为了变得完美。在不完美的世界里点滴成长，这样自己才能越来越强大，生活也会变得越来越顺利。

齐白石说："世间事，贵痛快。"这句话很像这些年的一句流行语："你必须很努力，才能看起来毫不费力。"可见，每个人都想活得潇洒，像齐白石的大写意画一样挥毫人生。

但是，没多少人会在意背后的"努力"。这种努力不仅仅是数量上的，还是质量上精微的成长。

有时候，我们被结果吸引就会忘记过程，所以，我们必须清楚，我们到底是想站在台上要光环照身的时刻，还

是喜欢在台下刻苦地训练。

如果无法面对那些天天需要进行的练习，我们终生只能陷入皮毛里，活得很表面，没有任何质量。

3

我讲一个自己的故事。

身为写作者，有时候辛苦写成的作品并不能发表。最初，退稿是一件让我沮丧的事——每次遭遇退稿，我很难平复痛苦的心情。因为，那不仅代表否定我的作品，还意味着我白白浪费了很多时间。

有一次，我一口气接了好几篇约稿，必须在短时间内如期完成——假如某一天因为其他事情耽搁了写作，那么，所有事情都会延后。

无法预料的事情还是发生了，因为我耽误了时间，有一位编辑给我退了稿。不论心情如何，我必须抵住悲伤，完成接下来的工作。等我完成所有工作以后才发现，原来一直处在坏情绪中是一件很浪费时间的事。

有时候，我们无法控制一件事情的结果，但能把握做的过程。如果当时我没有安排这么多工作，大概会用两天的时间来处理坏情绪，那么，这两天会被无情地浪费掉。

　　明白这个道理后，再做任何事情时，我只问自己有没有做好。至于结果，则尽量不去在意。

　　直到有一次，我有一本书稿因为不断修改很有可能被退稿时，我发现自己竟然一点儿也不难过。我自知已经尽力了，那么，接受结果就好。我惊讶于自己情绪的平稳，甚至为此有点开心，原来我做到了宠辱不惊。

4

　　许多事情，我们不必执着于结果，更应该注重自己在其中的成长。有时候，一件事明明做得很好，但未必会有好结果——我们无法控制结果，但可以控制自己。

　　一个考试从不及格的人，如果总是执着于考高分，那么，分数便会控制他，让他失去学习的自由和乐趣。假如不纠结于分数，说不定他真的能静下心来学习，下一次会考出好成绩。

　　可是，人有惯性，惯性会让人不由自主地注重结果，以致变得麻木起来。就像每天都做西红柿炒鸡蛋，连续做100天，任何一个人都很难做到精进厨艺。因为，无法每次精进是惯性，注重结果也是惯性，面对困境时选择逃避更是惯性……

　　究其根本，是一些不好的惯性让我们变得越来越差，而不是越来越好。所以，我们应该把惯性印在脑子里，每做一件事都要不断地问自己，有没有在用惯性做事。这样，做任何事才能保持进步。

　　这应该是远离舒适区最好的方法，但你可能会觉得这样做太累了，因为没办法让大脑停下来。

　　确实如此。

　　不过，当你不主动做选择的时候，很可能就要被动接受结果。遗憾的是，等你反应过来觉得自己很被动时，为时已晚。

　　所以，有时候不是你的人生充满坎坷，而是你缺乏应对和解决事情的能力，一直在被动地退步。真正好的生活，是你能控制生活，而不是让生活来控制你。

　　你应该变得更加主动、变得更好，这样才能控制自己的人生。

▷ 那个会哭的女子，你还好吗

1

村上春树在《世界尽头与冷酷仙境》一书中写道："世上存在着不能流泪的悲哀，这种悲哀无法向人解释，即使解释人家也不会理解。它永远一成不变，如无风夜晚的雪花静静沉积在心底。"

小时候，我们高兴就笑，不高兴就哭。长大后，我们突然发现，原来有些事情用哭是解决不了的，于是便学会了忍住眼泪坚强面对。再后来，我们的忍耐力越来越强，变成了一个不轻易掉眼泪的人。

记得某个周末的深夜，我在电影院看一部爱情电影，电影情节让身边一个 18 岁的姑娘哭得梨花带雨。回想一下，18 岁的我不也是这个样子吗？读一本小说会感动得流泪，遇到受伤的小动物会为之难过……

不知不觉，我们不由得生出一种不能流泪的悲哀——我们到底是变得越来越坚强了，还是一颗鲜活的心被岁月蒙上了灰尘呢？我们看似长大了，实则越活越麻木——当自己再也不会感动时，精神已接近死亡。

27 岁的菠菜与同事去看一部爱情电影，电影情节很简单，不过是讲述了两个人相爱的过程。可是，所有爱情都不是一帆风顺的，当故事里的男女主角遇到挫折被迫分手时，菠菜感动得哭了。

同事望着菠菜，不屑地说："幼稚！你都多大了，竟然还为这种电影掉眼泪。"

一个 27 岁的女子动不动就感动得落泪，会被身边的人笑话——就像有些笑点低的人，会被笑点高的人笑话。

菠菜没有说话，默默地发了一条朋友圈："被一部爱情电影感动得哭了，这是否有点幼稚？我需要变得成熟一些吗？"

下面有人留言："好羡慕你，还能为一部爱情电影而哭泣。我才 23 岁，却已经不会感动了。别人说我长大了，但我觉得自己的心是麻木的。"

菠菜被朋友的留言惊得说不出一句话来，她想，在这个世界上，每个人都是不同的，比如心思简单的人渴望成熟，成熟的人却渴望找回初心。

表面上来看，这是源于电影的感动，实则是一种对待生活的态度。当我们被爱情或别人伤害得次数越来越多，被负能量污染得越来越深，为了自保，我们会把自己深深地包裹起来成为"套中人"。

我们怕受到伤害，于是对别人冷漠；我们怕老板苛责，便学会了权衡工作中的利弊；我们怕被爱情所伤，便学会了付出时有所保留……

我们所做的一切都是为了保护自己，让自己变得更好。不知不觉，我们却发现自己越来越差——如果不是因为一部电影，我很难发现，所谓的自保或成熟竟然几乎让自己变成了行尸走肉。

2

小时候，我们的心是一块天然原石，无论什么样的外力碰一下都会痛。而随着岁月的打磨，我们的心逐渐失去棱角，变成圆滑的鹅卵石——即使有人去触碰，不仅不会自伤，还不会伤人。

这似乎没什么不好，但不得不承认，这样的我们对世界也失去了好奇心、感知力。

一个经常吃辣椒、花椒等刺激食物的人，他的味觉一定不够灵敏，青菜的味道对他而言是寡淡的。心也一样，刺激过多也就麻木了。成长的过程中，我们很难不被伤害，很难不被刺激，所以，想要让一颗心不被岁月磨平，就必须学会让自己不断品味生活的真味。

作家周国平说："许多人的所谓成熟，不过是被习俗磨去了棱角，变得世故而实际了。那不是成熟，而是精神的早衰和个性的消亡。真正的成熟，应当是独特个性的形成，真实自我的发现，精神上的结果和丰收。"

想要让一颗心变得鲜活，就必须学会自我观察，努力找回18岁时的自己——那时的自己是一个容易感动的人，也是一个特别相信别人的人。如果我们相信爱情、相信未来，那么，我们身体的每一个细胞都会感知生活，对生活充满期望和热情。

3

古菲出生于小县城，从小家境就不富裕，靠助学贷款读完了大学。年少时，她努力学习，渴望走出去见识更广阔的世界；大学毕业后，她努力工作，希望能留在城里。

她一路成长，一路进步，以为自己会得到男朋友的呵护、老板的赏识、社会的认同。后来她才发现，一切并非自己期望的样子——男朋友像个情感上的乞丐，不断向她索要着关爱和温暖；老板像个周扒皮，剥削着她的时间；至于社会的认同，你达不到一定的高度，谁会认同？

　　古菲对这个世界失望了，觉得没有一个人真正关心她、爱护她，就连父母在她工作后都经常向她要钱。她只能更加卖力地工作，渴望从金钱中获得安全感。

　　古菲喜欢看电影，但每次看到感人的情节就会觉得很假，因为她压根不相信这个世界上有什么真情。直到她的努力被一个小伙子看在眼里，对她展开疯狂地追求，她才觉得他可能是那个对的人。

　　古菲认为对方会爱她一生，就嫁给了他。可最终她还是失望了，因为，在她与婆婆之间，他总是选择站在婆婆那边。

　　古菲对生活失去了热爱，对他人失去了热情，变成一个只知道保护自己利益的女人。在她看来，没有什么比自己的利益更重要的事了。后来，她有了一个女儿，她不希望女儿走自己的老路，而是希望女儿从小就能学会精明地看世界。她认为，只有认清社会现实，女儿才不会像她一样傻，处处受伤害。

每个人都有一套自己的处世原则，随着年龄的增长，这种原则会变得越来越规范，于是我们就越来越知道什么是好的、什么是坏的。

认清社会现实，是人人都要学习的功课，这会让我们懂得在这个社会中如何保护自己。但如果因为见识到了坏的部分，就否定了好的部分，这样的认识始终有些偏颇。这就像有些人无论承受怎样的打击，依然会热爱生活、相信爱情。

因为认知角度不同，人生也会发生巨大的变化。所以，我们能想象到古菲的下半生很难幸福。

4

在这个世界上，我们接触着大同小异的人，参与着社会游戏的规则，但为什么有的人能够接受游戏规则并玩得很好，有的人则变成了破坏游戏规则的无赖呢？

不管我们如何认识世界，它都会以自己本来的样子运行。我们无法改变它的运行模式，但是可以改变自己。罗曼·罗兰说："世界上只有一种真正的英雄主义，那就是在认清生活的真相后依然热爱生活。"

生活是自己的，关键看你如何做选择。对于哲人来说，"世上存在着不能流泪的悲哀"，这种悲哀并非事情本身，而是在岁月的消磨中，一个人选择了让自己的精神死亡。这种选择终生不变，悲哀得无法向人解释。

所以，无论何时，我们都该多问一问那个会哭的自己：你还好吗？

▷ 你的生活，无须断舍离

1

"断舍离"一词流行了很长时间，已成为一种现代生活的理念。

在今天，物质越来越丰富，要选择的越来越多，但我们还是像父辈们一样，对物质有着天然的饥饿感。

当身边的东西越堆越多，我们不仅没有多高兴，反而逐渐感到物质带来的麻烦。它们可能是不同品牌的化妆品、护肤品，也可能是还没来得及撕下标签便已过时的衣

服……那些物品经常压得我们喘不过气来。

物品无限，空间有限。为了让生活越来越有品质，人们不得不去"断舍离"。

只要你愿意，你可以在网上搜索出成千上万篇关于"断舍离"的文章——从断舍离的重要性到如何整理空间，内容应有尽有。

山下英子在《断舍离》一书中对"断舍离"的解释是：断＝不买、不收取不需要的东西；舍＝处理掉堆放在家里没用的东西；离＝舍弃对物质的迷恋，让自己处于宽敞舒适、自由自在的空间。

概括来说，我们要断绝不需要的东西，舍弃多余的废物，脱离对物品的迷恋。

24岁的小猫喜欢储物，在这间租来的仅有10平方米的卧室里，除了床上，其他地方都被物品占满了。每次去她的住处，大家总是无从下脚——衣柜里堆满了衣物，床头柜上堆满了杂物，地毯上也堆满了书和毛绒玩具。

27岁时，小猫靠积蓄买了一套小户型的房子。搬去新家那天，她把许多物品都送人了。从那时起，她便成了一个"断舍离达人"。

如今，每次去小猫的家里，大家就像进了房地产销售部的样板房，干净、整洁。朋友问："你如何做到的？"

小猫说："其实，我也不想这样。可是，断舍离不就是为了给自己一个舒服的家吗？所以，即使再不忍心，都要去做。"

朋友继续问："那如何保持呢？做到如此整洁很难，因为家里多一件物品，整个气场就变了。"

小猫说："只能用替换的方式。比如，我的家里只能拥有 50 件物品，如果买回来一件新的物品，其中旧的一件物品就要被替换掉。"

朋友想了想，问："你开心吗？"

小猫笑而不答。

朋友回到家后，看到家里面有点乱，突然松了一口气，立刻扑进沙发里，给自己找了一个最舒服的姿势，顺手拿起未吃完的零食看起了电视。这时，她突然明白为什么小猫回答不了开不开心的问题了。她总觉得小猫的家里少了些什么，但又说不上来——当她把两个家做对比的时候，才发现小猫的家里缺少一种舒服感。

对的，当一切显得过于正式，比如家里收拾得像样板间时，大家一定不会感到舒服——零食要收起来、水果盘要从茶几上拿走、床头上不能放书和纸巾等，多别扭呀！

所以，我们必须考虑一个问题：我们到底是为了活得舒服，还是看起来显得冷冰冰的整洁？

2

断舍离的目的，并不是硬性为了让空间变得更有秩序，而是重新审视自己与物品之间的关系。我们需要丢掉的是不需要或者不适合自己的东西，而不是把空间变得简洁到有些冷冰冰的。

无论生活在什么样的空间，我们一定要以人为主，而不是以物为主。当一个人过于关注物的多少时，你便被物给控制住了——看似简单、清爽的空间，其实生活起来并不一定会舒适。

与小猫相反，小雪的家里有点乱。

小雪是一个喜欢读书的女子，客厅里有一整墙的书架，上面摆满了各种书籍。她也喜欢喝茶，另一面墙的橱柜里放着茶具器皿。她还喜欢旅行，每次回来总是带些新奇物品，家里摆放得到处都是。

每次去小雪家，我很想一直待下去，因为舒服。客厅虽然不大并且有点乱，但窝在沙发上很舒服——想看书了，站起来就能从书架上拿到；想喝茶了，直接可以从柜子里取出想用的茶具。

小雪的卧室也不是那么简洁，床头放着书，常穿的衣服挂在衣架上。卧室的一面墙上还安装着投影仪，晚上可以看电影……虽然她家看上去与别人家没什么不同，其实屋里留下的都是实用的东西，她把不需要的东西都搬到了地下室。

她说："真正的断舍离，不是把物品断得干净、舍得干净，而是让暂时不需要的物品退出生活的主场。要让那些经常用、喜欢用的物品活跃在我们的视线里，最好随手就可以拿到。"

生活的空间永远是以舒适为主，这并不仅仅是看上去的舒适，而是要生活起来很舒适。有些人嘴里所说的"断舍离"，是将不必要的物品全部清理出去——虽然留下的都是必要的物品，空间大了，生活起来却没那么舒服了。

也就是说，我们虽然留下了必要的物品，却忽略了物品的摆放秩序，试问，这样的生活真的舒适吗？看来，这只是看上去简洁、好看而已。

总之，真正的断舍离是留下必要的物品，让一切使用起来更便捷。这样你不会被无用的物品影响使用的秩序，更不会在无用的物品里去找想用的物品。

3

我们收拾自己的家，是为了让自己生活得越来越舒服；我们要做的是把每件物品摆放到让自己感觉最为舒服和方便的位置，而不是把它摆放到更好看的位置。

正如山下英子所倡导的那样："从关注物品转换到关注自我。"我想，这句话后面还应该有一个破折号，内容是"我需不需要"——自己需不需要，这才是断舍离的重点。但是，我们也不一定非要从空间中清理出自己不需要的物品。

一个人只有开始关注自我时，才会知道自己需要什么。假如舍不得丢掉一些物品，那就没必要让自己难受；如果因为丢掉一些物品而让自己心疼好久，那便是自伤。这些都是外在形式，只有自己才最关键。

断舍离的事，让喜欢的人去做吧。如果不喜欢，没必要为了一种理念让自己过得不开心。生活的本质是找到自我，回归自我。

佛陀说："心外求法是外道。"换句话说，如果没有找到自我的法则，其他的一切都只是与自己无关的"理念"。

第六章

爱情越精致，越有好伴侣

有人说，一个女人的幸福不是她嫁给了谁，而是她嫁给谁就会带给谁幸福。我希望，每个女人都是可以给别人带去幸福的人，因为幸福别人的同时，一定能幸福自己。

▷ 认真，你就赢了

1

爱情和婚姻是女人一生都无法绕开的话题，好的爱情和婚姻，双方相濡以沫一辈子；不好的爱情和婚姻，最后双方成了陌路人或者冤家。

全世界都在谈论爱情，希望从中发现关于爱情的真谛，可是依然有人学不会如何去爱。因为不会去爱，所以在爱里总是受伤；因为受了伤，便再也不愿意相信爱情，所以更加不会去爱了。

人总是习惯掉入恶性循环中，不仅生活如此，爱情也是如此。其实，学习如何爱别人就等于学习如何爱自己。在爱情里，爱得正确了，才会获得正确的爱。也就是说，当爱情良性循环起来，自己才更容易获得幸福。

很多人说，爱情是两个人的事，但我总觉得爱情是一个人的事。这就像暗恋别人时，即使对方不喜欢你或者不配合你，你依然会爱他。但是，放到需要两个人进行互动的爱情中，我们永远不会满足——明明知道对方爱自己，却始终渴求得到更多的爱。

米娅长得漂亮，学历也高，是一个傲骄的女子。她寻找另一半时的眼光也高——希望男方要有气质、有品位，还要有车有房，年收入不低于六位数。

每个女人的心中都有理想的伴侣，现实却是，只要遇到对的人，什么条件都会变得不重要。当时，米娅爱上了一个学历不如她、薪水也没有她高的男子——他只是长得帅，米娅一眼就看上了他，从此沦陷为他的小女人。

男朋友也爱米娅，但他有些自卑——在米娅面前，他总觉得自己不够优秀，并且希望通过努力工作能给她想要的一切。

其实，米娅想要的很简单，就是男朋友的认可，除此之外，一切都不重要。经过热恋期的你侬我侬后，男朋友把重心放到了工作上，他想通过自己的努力给米娅更好的生活，以为这是对她最大的爱。

热恋期极速冷却后，米娅见男朋友整日忙于工作，就焦虑了起来，她以为自己在他心中变得不重要了。

米娅给男朋友打电话，他在工作；与他视频通话，他一边忙工作一边与她聊天。米娅对他最近的表现极为不满，与他约会时便带了情绪。

男朋友见米娅对自己总是不满，心里更加自卑了。他也觉得很委屈：自己明明已经那么努力了，为什么她依旧不满意呢？他明白，她需要他的陪伴，可在他看来，仅仅陪伴是远远不够的，他想给她更好的生活。

最后，他们没有迎来期望中的婚姻，却在思想错位中分手了。

在爱情里的两个人，有时不是彼此不爱对方，而是因为各自想要的和给予的有所不同，所以会导致分手。我们总说两个人一定要好好沟通，现实却是从来没有真正有效地沟通过。

2

我们爱一个人时总是渴望得到他的爱，有时正因为他爱我们，所以我们才愿意更爱他。因此，每个人都知道自己想要什么，却忽略了对方想要什么。

每个人更在乎自己的感受，当对方说出自己想要的东西时，在我们听来很容易变成轻描淡写的话，与"你好"

一样平常。因为对方不在意，便学会了用情绪加重语气，以为这样就会得到对方的关注。

可是，亲爱的姑娘，你并不知道男人在这件事情上把侧重点放到了"她生气了"，而非"她说了什么"上。所以，在爱情里总是动不动就生气的姑娘，对方能做的只是把你哄好，你的问题依然没有得到解决。

当两性关系出现问题时，我们就要多问对方到底要什么、要表达什么，这样才能真正有效地沟通。如果真的爱他，想与他长久地在一起，就要学会倾听，这比表达自我更重要。

你真正听进去了对方的话，并且在乎他的感受，他才能感受到你的爱，认为你是那个懂他的人。相反，我们也有表达自己的权利，对于自己想要的东西和观点，我们应该郑重其事地向对方阐述，而非乱发脾气。

对方做得让你不满意，你就好好地说出来，让他看到你真的在乎这件事，而不是发脾气，让他觉得你无理取闹。

倾听是人人都懂的道理，但并不是人人都能做到。

3

女人向来是感情动物，在爱情里比男人更容易付出真

心。一个女人投入感情后是可爱的，但也是危险的。在爱情里，女人一定要用心，但并不一定要全心去爱，有时还需要带着脑子去观察对方。

影子姑娘心地善良，同时心灵也脆弱，每次遇到爱情，她总是那个付出最多的人。她谈了三次恋爱，最后都是被对方甩。她很难过，每次都说再遇到下一段爱情时，自己一定要有所保留。但只要是让她心动的男人出现，她还是会毫无保留地付出。

她说："我都这么爱他了，为什么他还要离开我？怎么每次我都会遇到不靠谱的人？怎样才能遇到那个真正爱我的人呢？"

我们总以为遇到了爱情，就要好好地爱，于是毫无保留，但我们从来没有考虑过，过于浓烈的爱会让对方喘不过气来。直到有一天，我们突然发现自己付出了很多却总是无法换回对方的真心，便再也不相信爱情了。

在爱情里，最忌讳说"我觉得"，比如"我觉得我已经付出了很多"，这种想法很可怕。这就像"我觉得我再也不相信爱情了"一样，我们会因此而觉得世界上没有真正的爱情。

4

其实，爱情始终存在，不要因为"我觉得"便一棍子打死它。

还有的女人抱怨说："为什么我遇到的男人总是不靠谱，怎么就遇不到自己的真命天子呢？"

其实，她从来没有想过，是自己误把对方归类为"不靠谱"的男人，还是对方真的心地败坏、做尽坏事了呢？因为，对方也是普通人，有缺点同时又有优点。

人们经常说，我们要宽容别人，比如包容对方的缺点。这当然没什么不好，但不明白包容的道理，一味地忍让，最终会让一段感情分崩离析。

还是那句话，形式并不重要，重要的是我们必须明白人的多面性。没有谁天生会为我们而来，我们都在反观自照、自我成长。所以，与其抱怨另一半，不如多观察一下自己。

时尚集团前总裁苏芒与老公结婚二十多年里，从来没吵过架。当别人问她如何才能做到不吵架时，她说："因为我想与他白头偕老。"是啊，假如你真的爱一个人，想与他在一起一辈子，也就愿意在他身上多用心了。

我们也想与心爱的人白头偕老，但这可能就像婚礼上的誓言，是形容词。而真正的"白头偕老"是动词，是你需要付出行动去完成的事。这就像我们要努力学习一项技能，努力完成一个目标一样。

你在努力时可能会遇到挫折，但你终将达到目标。爱情也是如此。

▷ 有时也需要"游戏爱情"

1

我经常听到身边的女性抱怨，说另一半与自己"三观不和"——只要谈起对方，她们总能滔滔不绝地边骂边生气。

自己喜欢鲜花，另一半却送巧克力饼干；自己喜欢喝茶，另一半喜欢喝白开水；自己喜欢潮流衣服，另一半要求自己穿正装……

因为三观不和，那些不和的部分统统变成了对方的缺点，也变成了对方被抱怨的部分。但反过来想一想，我们抱怨对方的那些"点"，对方也一定觉得是与我们不和的——当你憋了一肚子气时，其实他也有一肚子气；你抱怨自己怎么找了他这么一个不浪漫的男人，他也在抱怨作为老婆的你不务实。

抱怨是人类的天性，只要是不如自己意的事，我们都会抱怨，岂止是另一半让自己不满意呢？父母、儿女、工作、老板……只要自己想抱怨，天底下就没有不可抱怨的事。

古人常讲老天爷难做，就因为我们动不动埋怨老天爷不公。这就像下雨一样，对于农民伯伯来说，可以省一笔灌溉的费用；而对于都市中即将下班的上班族来讲，则成了一件令人讨厌的事。

那么，老天爷做错了什么吗？所以，只要你开始抱怨，好事也是坏事；只要你喜欢，坏事也会变成好事。其实，哪里有什么好与坏之分，所谓好与坏，全凭当时你的心境而定。

依依是一个活泼开朗的女孩，她通过朋友介绍认识了现在的男朋友。据她回忆，当时男朋友打动她的原因，是

他们相亲结束后去他家坐了坐，他为她自弹自唱《灰姑娘》。当时男朋友眼神真诚，声音温柔，而那句"怎么会迷上你，我在问自己"一出口，依依就沉醉了——她告诉自己，这辈子就他了。

依依喜欢音乐，喜欢听男朋友自弹自唱，每次只要在一起，她总会跟他"点歌"。她觉得，将来他们的生活一定不会枯燥。

谁知仅仅半年后，依依就想跟男朋友分手。原来他们在一起没多久，依依就发现男朋友是一个很懒但希望别人勤奋的人——他总是要求她把家里收拾干净，而自己却从来不做家务。

依依每天都会为男朋友洗衣做饭、收拾屋子，但他还是不满意。发展到后来，每次依依做家务时，他不帮忙不说，还会在一旁练歌。这种情况，放到任何人身上都会生气，这样的男人还是分手算了。

最后，依依忍不住去向闺密抱怨，问自己到底要不要跟男朋友分手。

2

当一个人开始抱怨另一个人的时候，就只会看到对方身上不好的部分。

其实，依依的男朋友对工作认真专注，薪水也不错，只不过他老是加班，身心疲惫，同时又是一个爱干净的人。所以，他渴望依依成为他的贤内助，能够懂他的不易，也懂他对她的爱。可在依依看来，这一切都变成了自己抱怨的重点。

在我们的理想中，对方对我们没有任何要求，让我们随心所欲便是最舒服的姿态。但对方也是人，也渴望我们不去要求他，那么到底谁该妥协呢？

在爱情和婚姻里，当我们无法接受对方的某些缺点和要求时，我们便会想到分手或离婚。

曾经有一段时间，我对老公极其不满。我觉得他对我不够关心，与我沟通交流不够勤，挣钱不够多……我越想越气，气得都想离家出走。但之后呢？还不是要回来面对一切。

所以，与其生气，不如行动起来把不如意的部分化解掉。

一个人静静待着的时候，我都在想解决办法。有一次，在公园里看到一些孩子在做游戏，我便忽然想到：在婚姻里，为什么不能把"找缺点"变成一种游戏呢？

　　我的解决办法是，遇到问题首先要学会面对。比如，婚姻里的两个人难免会吵架，只要这个问题得不到解决，双方可能会一直吵下去。解决办法是，找到吵架的本质原因，然后与对方探讨，最后要像做游戏一样彼此拉钩约定以后怎样做……

　　有时候，我们吵架可能只是想赢对方，并不是真的想弄清谁对谁错。遇到这种情况，彼此就要先稳定情绪，如果真的出现原则问题，那么，我们就应该坐下来好好分析利弊。

　　经过不断练习，我和老公已经能做到当一方有情绪时，另一方立刻停止说话——就算当时有什么想说的话，也要等对方情绪稳定下来后再探讨。

3

　　其实，婚姻中，双方最重要的不是互相忍让，也不是彼此为了做到赢而去做——而是找到问题的根源，弄清自己的需求，弄清对方的需求，这样才能减少对对方的控制，事情也就很容易解决。

　　很多人认为，双方最重要的是沟通。其实，比沟通更重要的是尊重——尊重每个人的个性和需求，这才是王道。比如，即使双方没有共同话题可聊，当对方在讲一些话题时，另一方也应该保持倾听的姿态。

谢依霖在谈到爱情和婚姻时说："两个人在一起，最重要的是两个人都舒服，而不是一个人的自我感动。"当对方有缺点时，我们应该给对方改正的机会，与他一起进步。当然，我们也应该学会面对自己的不足。

孔子曰："君子和而不同。"是啊，婚姻本身就是两个人的生活，而且还是在不同环境中成长起来的两个人，怎么可能完全一样呢？更何况，一个是男人，一个是女人，这本身就有很大的不同。

因此，我们无须做到"同"，而要做到"和"。

4

当我们抱怨对方不够懂自己的时候，有没有留心过他的个人世界呢？

我们觉得他不浪漫，于是抱怨他不懂自己。其实，对于他来说，务实可能就是最大的浪漫。对此，我们的重点不应该放在浪漫的形式，而应该放在追求浪漫的态度上。

总之，我们不必要求对方跟自己三观一致，只希望家庭幸福。在我看来，真正的三观一致，是我们都渴望得到

对方的爱，一心想把家庭经营好，希望婚姻幸福……

只要这些目标是一致的，就没有解决不了的问题。如果你只是渴望得到爱，而对方也只是想随便找个人结婚，这是原则上的不契合，你们就该放手，不要试图凑合。

有人说，一个女人的幸福不是她嫁给了谁，而是她嫁给谁就会带给谁幸福。我希望，每个女人都是可以给别人带去幸福的人，因为幸福别人的同时，一定能幸福自己。

▷ 爱情是两个人的互动

1

现在，有些女人不敢相信爱情，她们宁愿单身，也不愿意走进婚姻的殿堂。还有一些女人把婚姻当成改变命运的机会，只要遇到多金男，即使双方没有爱情她们也要去蹚浑水。

好的爱情升级为婚姻，是一种幸福；功利的爱情转化成婚姻，一定会变成另一种灾难。当一个女人开始对爱情绝望，把婚姻当成自己的后路时，她的后半生一定没有安全感可言。而所谓的后路，往往是绝路。

直到 28 岁时，可可才遇到现在的老公阿亮。

可可长得高高的，很有气质，虽然她的工作一直是文秘，但她自信能找到一位不错的老公。

可可出生于农村，对此她一直很自卑。上大学时，她见识到了外面的世界，从那时起她便暗暗发誓一定要留在城里。也许，嫁给城里人是最好的办法。

工作后，可可把心思全放在穿衣打扮上——在她看来，只要长得好就能嫁得好。工作中，遇到本市的同事，她会试图去了解，渴望与对方发展成男女朋友关系。如果工作中没机会，她便会去相亲，让自己有可选择的余地。

其实，在选择婚姻上，最开始可可不全是功利的。曾经，她真心爱过一位有钱的老板，最后对方嫌弃她家世不好，无法在生意上给他带来帮助而选择了分手。

从那时起，可可就彻底变得功利起来。后来，她遇到了现在的老公阿亮，仅仅相处一个月便结婚了。可可说："遇到那位老板之前，我还愿意找一个有眼缘的人。与他分手后，我连这点想法也省了——我认为男人都一样。"

阿亮是本市人，家里有三套房子，工作也不错，就是长得一般，而且脸上有块棕色胎记。可可觉得这很公平，阿亮渴望找到一位漂亮的老婆，她需要房子和城市户口，他们之间达成了某种公平的契约。

我们问可可："你快乐吗？"

可可说："快乐，毕竟实现了自己的愿望。"

但我们都知道，可可并没有那么快乐，她只是看似过着幸福的生活而已。

2

当爱情变得现实，婚姻似乎成了一种保障。所以，有些女人喜欢向男人要房要车，男人则喜欢向女人要美貌——在这样一场"交易"的婚姻里，他们真的能幸福下去吗？

不是爱情经不起考验，也不是我们需要自保，而是在两个人的关系中，我们要学会让自己的感情有处安放。

很多女人问我为什么裸婚，反过来，我也不明白她们为什么宁可嫁给房子和车子，也不愿意嫁给心爱的男人。物质可以保证我们的生活，却无法保证我们过得幸福。这些女人之所以选择物质的根源在于，她们觉得即使与自己喜欢的人在一起，依然无法保证幸福一生。

还有些女人说，那些因相爱而裸婚的人，最终也没能逃过现实——与其如此，不如选择物质。

其实，当爱情变成权衡利弊的保障时，我们将注定失去它。不过，我想说的是，那些自以为很聪明的女人，最终也不一定能得到什么——她们看似得到了一种保障，其实男人也不傻，他们会怎么想呢？

当两个人在物质上动心思时，未必有谁会得到更多——你想得到更多，对方能给予你的反而更少。这就像与朋友相处，一个总是为自己争取利益的人，我们会习惯性地多留个心眼用于自保，甚至远离他。

因此，最好的选择便是彼此相爱。

两个人相处，一定要从"你高我低"变成"我们"——就算这是某种程度上的交换，也要让它变得更有爱、更温情。于是，在这场婚姻里，我们可以追求共同目标，保持步调一致，最终达到共赢。

在婚姻里，没有爱可能也无所谓；但有了爱，人生才能更加完美。

3

当女性越来越独立时，确实会越来越不需要男人了。

我的身边有些女性朋友是不婚主义者，她们决定终生保持单身，因为她们不愿意把时间浪费在婚姻的磕磕碰碰上。在她们看来，与其谈一场无疾而终的恋爱，不如把时间放在工作或者兴趣爱好上。

小芒是一名自媒体人，也是一个不婚主义者。当她看到身边的男人越来越不如自己的意时，决定保持单身。然后，她靠自己的努力买了房子，给自己准备了一个家。

我们劝小芒："还是有很多努力向上的好男人啊！"

小芒说："不忙的男人，我看不上；太忙的男人，又没时间陪我——与其等他回家陪我，不如选择一个人过。"

一个人有工作，比较独立又有兴趣爱好，何必多一个让自己牵挂的男人呢？更何况，很多需要男人解决的事，只要一通电话都能搞定。比如，下水道堵了、洗衣机坏了，可以打电话找专业维修人员来干。可以说，没有什么事情是一个电话不能解决的——如果有，那就打两个电话。

张小娴在《谢谢你曾离开我》一书中给了我们另外一种答案："是的，一个人也可以，但是，要有两个人才会甜蜜。"

　　"家庭是两个人或更多人的事，爱情却是一个人的事。不管你爱过几个人，不管你看过几回烟花，爱情终究是自我追寻、自我认识和自我完成的漫漫长路。然而，这是一个人的事，是要由另一个人去成全，就像烟花需要一片夜空。"

4

　　没有爱情，我们可能会过得很开心；但有了爱情，我们的人生才能变得更完整。我们应该通过爱情来完善自己，让自己多一些生命的体验，让人生变得更加丰富、圆满。也就是说，我们可以把另一半当成一面镜子，通过"镜子"，我们会照出自己的不完美。

　　在爱情里，我们要学习处理自己的情感，学会安放自己的爱——这与物质无关，当然，与另一半也无关。我们无须将爱情寄托于一个男人身上，但这并不是说我们不需要伴侣，因为，爱情最终只会与自己有关。

　　当一个对的人出现，主动还是逃避，都是一个人的事。逃避很容易，主动才需要勇气。不管怎样，找一个踏实可靠的人结伴而行，才更符合人性的需求。

▷ 爱要大声说出来，不要装作无所谓

1

在爱情里，有人爱得委屈，有人爱得骄傲。比如，有的女人在爱情里选择做女王，从来不会因为男人而卑微了自己。

独立、自主、坚强，是每个女人对待工作和生活都该做到的，在爱情里也一样。但千万要记住，你认为委曲求全不可取时，过于骄傲其实也会伤了爱情。

《冥想》一书中表达了这样一种观念："冥想技巧的练习，和冥想本身是截然不同的两件事情。"

冥想技巧并非冥想本身，比如，外在的瑜伽可以通过制界、内制、体式、调息和制感等来完成，但内在的瑜伽状态是通过外在形式达到的。

换句话说，在爱情里，不管一个女人是如何委曲求全，还是骄傲得像个女王，这些状态都是内在的，假如变成外在形式，便有点本末倒置了。

思思是一个在爱情里像女王一样的人。在上一段感情中，她爱得卑微，于是，她决定在下一段感情里少付出。她说："'在爱情里，最在乎的一方，往往会输得最惨。'这句话说得真对。"

当思思爱上现在的男朋友时，不管内心里如何爱他，她都会克制自己。她不断地告诉自己，一定要做那个比他在乎自己更少一点儿的人——她不想输。

过情人节时，男朋友送给她一大捧玫瑰花，她只是淡然一笑；她过生日时，男朋友送她一瓶迪奥香水，她只是给了他一个拥抱；男朋友请她吃最贵的西餐，她打扮得像一个出席年会的女人，优雅却也冷傲……

思思说："我要让自己看上去很难追，就算被男人追到手了，也要看上去像随时可以离他而去一样。这样，男人才会珍惜你。"在她的眼里，若即若离的态度是一种想得而不可得的诱惑，因为有人说"得不到"才是最好的。

为了传说中的"得不到"，思思一直克制着自己的热情。直到有一天，男朋友对她提出分手时，她才猛然惊醒：在爱情里，一味付出的人也会累。她若即若离，他

猜来猜去，最后他觉得她不够爱他——既然没有爱情，何必在一起呢？

思思明明很爱男朋友，却假装无所谓。出事了吧！

分手那天，她哭得要死要活的。她也试图用委曲求全的方式留住他，可对方已下定决心，无论如何都唤不回来了。她不明白，为什么自己做到了爱情里的"至理名言"，却依然没有好的结局呢？

2

在道家和佛家的修行中，有两个字是用来形容同一件事的，一个是"凝"，一个是"定"。"凝"是指状态，"定"是指原则。这与《冥想》一书中讲解内在瑜伽与外在瑜伽的道理是一样的。

爱情中，做自己的女王是一种心理状态，即一种对自己的态度：我不在爱情里卑微，可以随时离你而去。但很多女人把这种心理状态变成了现实，变成了一种为爱情"保鲜"的手段——她们的心里明明很爱对方，却要假装无所谓，所以本末倒置了。

爱情终究是两个人的事，需要双方互动——如果只是一个人单方面地付出，这段感情必然会走向终结。

很多人说，做人要懂得珍惜。珍惜便是一种做事态度，需要付诸行动。如果把它变成一种心理状态，则很容易让自己受伤，因为最终会失去爱情。所以，在心理状态上，我们要学会做自己的女王；在爱情里，我们要学会珍惜对方，让对方感受到我们的爱，而不是若即若离。

3

在爱情里受过伤的人，慢慢地都学会了自保。有时，自保往往会变成自伤，最怕的就是这句话："你看，我就说会这样吧……"

我们对一件事往往会先做一个定性分析，等到结果出来的时候，便会说上一句："我就说嘛……"很多时候，不是我们说对了，而是因为我们做得可能不对，所以才导致出现了一个不好的结局。

莉莉信奉一句话："男人靠得住，母猪会上树。"

因为骨子里不相信男人，所以每当男人做出不靠谱的事情时，莉莉便会说这句话。她把这句话当成了验证男人可靠与否的真理，尤其当她吹毛求疵地对比身边的男人时，越发觉得这句话是对的。

所以，当她收获爱情时，对男人的态度也就很容易无

所谓了。

　　当然，谁都无法逃脱爱上一个人的命运，莉莉也是如此。但爱情的冲动无法改变她内心对男人长久以来的认知，当她发现男朋友越来越"不靠谱"时，就会主动提出分手。

　　明明爱着一个对的人，因为双方吵架时说的某些气话很可能就会互相错过——对于很多人来说，这真是天大的损失。可是，莉莉过不了自己这一关，她无法接受一个"不靠谱"的男人。

4

　　每个人都有自认为对的或者奉为真理的话，只要去对比就会发现，这些话放之四海而皆准，于是，我们便更加深信不疑。但是，我们往往忽略了人性的复杂。

　　这就像"平平淡淡才是真"是对的；人生需要奋斗也是对的；"男人靠得住，母猪会上树"是对的；男人说"我爱你"也是对的；雨后天晴有彩虹是对的；雨后天晴可能没有彩虹也是对的……

　　不要说男人靠不住，其实，我们自己往往都靠不住——晚上发誓要好好努力，第二天早上还不是先摸出手机刷朋友圈。

俗话说："人挪活，树挪死。"一个大活人岂能活在几句话里？这就像有些人不相信爱情，注定就会错过爱情。因为真正的爱情来了，她不会相信——等人家走了，她会说："看吧，爱情果然靠不住。"

我想说，我们不要被某个观念束缚、局限住自己的人生。我们应该相信各种可能性，开怀拥抱各种可能性——只有这样，我们才不会错过，也不怕失去爱情和婚姻。

▷ 我不要随便的婚姻

1

女人一过25岁，仿佛就变成了天大的灾难：在父母的眼里，她们成了嫁不出去的"剩女"，相亲、聚会、约会，逢人便会被"兜售"一番；在朋友的眼里，她们马上要衰老——身体走下坡路，脸蛋、身材都开始需要保养，再也

不能将就；在老板的眼里，她们也是岌岌可危——怕她们结婚生子，产假时间长，那样就亏大了。

25 岁，其实一切才刚刚开始，所有的焦虑不过是小火苗，虽然已经开始燃烧，但终究成不了大火。随着年龄的增长，她们才会时时提醒自己：再不嫁人，就真的变成"剩女"了。

有时候，不是我们焦虑，而是全世界都在谈论大龄青年，让我们不得不焦虑。

朋友小林今年 30 岁，是名副其实的大龄"剩女"，为此她有些焦虑，她恨嫁到想立刻找个男人结婚。可是，30 年都已经等了，难道现在真要随便找个男人嫁了吗？

当然不能。

这个年龄段的女人对物质有着天然的敏感，觉得当下最重要的便是物质。每一次相亲，与其说她是去看两个人能否对得上眼，不如说是把各自的条件放到天平上称一称——等双方都满意了，才有继续交往的可能。

其实，小林知道是自己想沾男人的光。在自己与男人的天平之间，如果真的没有倾斜度，那如何证明她是个好女人？男人自然要多一点筹码，才会让她觉得自己很"值钱"。

只不过，谁都不傻，男人的天平为什么要向女人倾斜呢？

2

年龄越大，小林越焦虑，觉得自己会越来越不"值钱"了。她也想过，要不就这样一直保持单身算了。可是，她又总是不甘心，想着要不再等等看。

"明日复明日，明日何其多。"人生还有许多个明天，但适合结婚的年龄不长，于是，小林等不起了，真的就"随便"找个男人嫁了——她老公确实很普通，没有所谓的房子和车子。

婚后，小林以为终于解决了人生大事，可她没高兴两天呢，婆婆和妈妈开始催她生孩子。女人的最佳生育年龄似乎比较短，她又陷入新一轮的焦虑中。

一个人如果没有主见，就会永远被命运推着往前走。她们上完大学参加工作，然后稀里糊涂地结婚生子，等反应过来时，人生已到中年。虽然这样好像有点被动，但终究在合适的年龄做了该做的事。

而那些等到 30 岁也没等来真命天子的女人，大多不会再等下去，比如小林。

焦虑是这个时代的通病，原因出在参照物。当别人都在努力，你不努力时，你会焦虑；当别人事业有成，你成绩平平时，你会焦虑；当身边的人都已经结婚，你没有结婚时，你会焦虑……

因为有了参照物，你便失去了初心。因为到了一定的年龄，你不结婚会有人催促，你便决定用结婚堵住别人的嘴。终于结婚了，看似完成了人生大事，但你的人生轨迹已经偏向别处。

3

父母那一代人总是告诉我们，他们没有谈过恋爱依然在一起过了一辈子。没错，因为大环境如此，所有人都一样，参照物也就都一样。现在，当越来越多的年轻人需要一场轰轰烈烈的爱情时，没有爱情的你也会觉得不甘心，于是便有了焦虑。

不管你选不选择结婚，焦虑是客观存在的，这就像婚后你依然要面对婆媳关系、子女教育问题。假如不能抓住焦虑的本质，你的人生依然会像某些大龄剩女一样没有安全感。所以，恐惧带来焦虑，焦虑则会让人生失控。

不管我们的内心多么执着于一件事，依然无法保证它能圆满。可是，人们渴望安全感，试图通过一些事解决焦虑的问题，这就像一个穷人通过挣钱可以缓解焦虑，但此后还会产生新的焦虑。

因此，与其终生焦虑，不如正确面对它。

要知道，人生没有任何一个选择是绝对安全的——即使选择了婚姻，不代表从此就安全了，甚至可能会带来更大的麻烦。比如，婚后你没办法与另一半好好相处，最后还不是分道扬镳了。

人一旦焦虑起来，往往会回避很多事实，比如你很脆弱、你没有主见等。当我们无法承担这些问题时，便会选择不去正视事实，但是这样不管做多少选择，我们依然不会成熟起来。

4

当下，有些女人为自己谋物质，不敢面对裸婚这件事。比如，一个是自己心爱但没钱的男人，一个是有钱但自己不爱的男人，你到底会选择哪个呢？

就我而言，曾经我可以选择嫁给拆迁户，也可以选择嫁给小老板，但我最终选择了爱情。因为，我知道自己想要过什么样的人生。

当然，选择裸婚也许意味着余生可能没有保障。也就是说，与余生有可能不幸福相比，我选择了余生有可能贫穷。但你想过没有，挣到钱就能改变贫穷这个问题，如果不幸福，是要离婚吗？看起来似乎没得选。

谁也无法保证，选择爱情就会幸福，这就像我们无法保证，选择金钱就一定不会幸福一样。两者都是未知的，然而你必须直面自己，知道自己到底想要什么。

我们焦虑，往往是因为会去做假设。比如，假设嫁给爱情靠不住，假设将来一辈子受穷，假设子女教育出问题……

人往往什么都想要，但老天爷不可能把什么都给你，因为有了假设，我们便失去直面自己的机会。事实是，当下你焦虑了，治愈焦虑才是关键，然后其他问题就会变得相对简单一些。

人生不怕做选择，就怕稀里糊涂地做选择。当你知道自己想要什么时，你的人生会越来越幸福；当你越来越随便时，你的人生只能是"差不多"。

不要去过随便的人生，一定要把生活折腾成自己想要的样子。